INEOS GRENADIER

SEIT 2022

Jörg Sand

Motor
buch
Verlag

Einbandgestaltung: Luis dos Santos unter Verwendung von Aufnahmen aus dem Archiv des Herstellers

Dank und Fotonachweis:
Soweit nicht anders angegeben, handelt es sich bei allen Bildern um Werksfotos von Ineos oder den jeweiligen Agenturen aus Deutschland, Österreich, Ungarn, der Schweiz und den USA sowie den Zubehör-Herstellern BlackSheep, Delta, Matzker, RockFoxx und Taubenreuther.

Ein besonderer Dank des Verlages geht an das Online-Magazin Matsch & Piste (https://matsch-und-piste.de) für die Unterstützung.

ISBN: 978-3-613-04743-3

1. Auflage 2025

Sie finden uns im Internet unter www.motorbuch-verlag.de

Lektorat: Martin Gollnick
Innengestaltung: Luis dos Santos
Druck und Bindung: Graspo CZ, 76302 Zlin
Printed in Czech Republic

Er muss sich erst noch beweisen. Doch die Chancen stehen gut, dass der Ineos Grenadier sich auf Dauer im Segment der Geländewagen behaupten kann.

Einleitung

Der Name »Grenadier« klingt nach einem doch sehr martialischen Fahrzeug. Der Fahrzeugname könnte so zu der Annahme führen, dass der Grenadier für das Militär entwickelt wurde. Doch das stimmt ganz und gar nicht. Im Gegenteil, anders als bei vielen seiner Mitbewerber spielte eine militärische Verwendung bei seiner Konzeption zunächst gar keine Rolle im Lastenheft.

Vielmehr ist es darum gegangen, eine der größten Ikonen der britischen Automobilgeschichte in die Neuzeit hinüber zu retten, eine, die für nahezu alle britischen Klischees steht. Denn wo Großbritannien am typischsten ist, fährt ein Land Rover – ob nun Serie I, II oder III ist nicht so wichtig – durch's Bild. Premierminister Churchill nutzte ihn ebenso wie James Bond; die TV-Serie »Daktari« samt Löwen auf der Motorhaube hat diese Botschaft jenseits des Empire ebenso transportiert wie die Bilder von Queen Elizabeth II, die samt ihren Corgis im Land Rover rund um den königlichen Landsitz Balmoral durch die schottischen Highlands kurvte. Gleichzeitig vermochten die Briten im Laufe der Jahrzehnte, diesen ursprünglichen Nutzfahrzeugen ein neues, edleres Image zu verschaffen, genau wie sie es auch geschafft haben, aus Gebrauchsgegenständen wie der ursprünglich dem Wetter geschuldeten Wachstuchjacke oder aus den in diesen Breitengraden unvermeidlichen Gummistiefeln lifestylige Modeaccessoires zu machen. Oder gäbe es

Der Grenadier 2024 auf dem Alaska-Kanada-Highway im Rahmen der Langstrecken-Rallye »Alcan 5000«. In den USA wird vor allem die Version mit dem Sechszylinder-Benzinmotor nachgefragt. Das Siegerfahrzeug in der Truck-Wertung in »Eldoret Blue« war im Serienzustand. (Foto: Shane Bowman).

Ineos Automotive ist eine Tochtergesellschaft von Ineos, einem führenden Hersteller von Petrochemikalien, Spezialchemikalien und Ölprodukten. Das Unternehmen beschäftigt 26.000 Mitarbeiter in 36 Geschäftsbereichen und verfügt über ein Produktionsnetzwerk mit 194 Standorten in 29 Ländern. Ein Werk befindet sich in Deutschland.

Flußdurchfahrten stellen ein schwer kalkulierbares Risiko dar. Wenn wie hier im Bild der Weg zu weit und zu unruhig für eine Voraberkundung zu Fuß ist, dann muss in jedem Fall langsam und vorsichtig gefahren werden. In dieser Wassertiefe ist ein Ansaugschnorchel noch nicht notwendig.

sonst einen Grund, für ein Paar Gummistiefel 250 Euro und mehr zu verlangen – und dafür auch zu bekommen?
Wir halten fest: Der Defender als kerniger Geländewagen hat einen festen Platz in der britischen Geschichte eingenommen. Er ist ebenso britisch wie der Union Jack und ein Monument britischer Lebensart. Eine solche Ikone kann nicht durch ein Fahrzeug ersetzen, das man auch als »SUV« bezeichnen könnte. Doch genau das passierte, nachdem 2016 die Produktionseinstellung des Ur-Land Rovers verkündet wurde, der zunächst keinen Nachfolger erhalten sollte. Als aber 2019 ein neuer Defender erschien, hatte er außerdem dem Namen nichts mehr mit dem Vorgänger gemein. Die Entstehung des Ineos Grenadier ist daher ohne das Ende des alten Land Rover Defender und seines ganz anders konzipierten Nachfolgers nicht zu verstehen.

Denn in einer Welt, in der die »richtigen« Geländewagen mit Leiterrahmenchassis, starren Achsen und Reduktion zunehmend durch weichgespülte SUV abgelöst werden, besetzte der alte »Landy« eine Nische, welche die großen Hersteller kaum noch bedienen. Das gilt vor allem für den Fahrzeugmarkt in der leider überregulierten Europäischen Union. Die Rahmenbedingungen haben dafür gesorgt, dass die Nische mittlerweile sehr klein geworden ist. In Europa wird diese nur noch vom Mercedes G-Modell besetzt, wobei lediglich die Baureihe W464 noch als Nutzfahrzeug angeboten und ausschließlich ans Militär und Behörden verkauft wird. Aus den USA kommt der Jeep Wrangler (der für viele Anwendungen zu klein ist) und aus Japan der Toyota Land Cruiser, insbesondere der J7. Diese drei besetzen jenes Marktsegment, von dem sich der Defender verabschiedet hat.

Staub ist der unliebsame Begleiter auf allen Offroad-Fahrten in trockenen Gebieten. Man muss damit leben und sich damit abfinden, dass der Staub leider in jede Ritze des Fahrzeugs vordringt. Solche Wellblechpisten belasten das Fahrzeug und prüfen die Verarbeitungsqualität in hohem Maß.

All diese Fahrzeuge haben vor allem eines gemeinsam: Sie wurden weder vom Windkanal noch von extrem kreativen Designern gestaltet. Bei ihnen galt von Anfang an »form follows function«. Sie sehen so aus wie sie aussehen, weil sie so aussehen müssen, um jenen Zwecken gerecht zu werden, welche sie erfüllen sollen. Eine hohe Sitzposition mit guter Übersicht über das Fahrzeug und die nähere Umgebung ist eine unabdingbare Voraussetzung, um sich auf vier Rädern sicher im unwegsamen Gelände zu bewegen. Steil stehende Scheiben heizen das Fahrzeug wenig auf in der Sonne, gerade Seitenteile ermöglichen maximalen Stauraum im Fahrzeug. Und alle Aggregate sind möglichst so angeordnet, dass sie einerseits geschützt untergebracht sind und andererseits auch im Gelände ohne eine perfekt ausgestattete Werkstatt zugänglich sind.
Der Land Rover Defender stammt in seinen Ursprüngen aus dem Jahre 1948, er war nach dem Jeep das älteste Fahrzeug unter den Off-Road-Ikonen; er wurde bis 2016 gut zwei Millionen Mal produziert. In diesen Jahrzehnten ist er sich immer treu geblieben und hat das auch optisch kenntlich gemacht, inklusive der leicht wiedererkennbaren Verwandtschaft, die den letzten 2016er Defender mit dem ersten von 1948 verbindet. Der neue Land Rover Defender, 2019 vorgestellt, hat mit dieser sehr langen Tradition gebrochen. Denn er ist technisch ein komplett neues und sehr anderes Auto (kein Leiterrahmen, keine Starrachsen) geworden. Mit dem neuen Defender »SUV« können sich die vielen Traditionalisten unter den Land-Rover-Fans nicht so richtig anfreunden.
Daher hat Ineos den Grenadier als »wahren« Defender-Nachfolger, als Expeditions- und edles Nutzanwenderauto gedacht, geplant und konzipiert. Der Grenadier mit seinem an den Defender angelehnten klassischen Design stößt genau in die nun verwaiste Lücke. Er spricht die »Gusseisernen« unter den Defender-Kunden an und verfeinert dessen Rezept mit viel zuverlässiger, moderner Technik, vor allem aus Deutschland. Schließlich hat das mit der deutschen Technik ja bereits bei den britischen Traditionsmarken Rolls-Royce, Bentley und Aston Martin sehr gut funktioniert.
Beim Design hat Ineos mit dem Grenadier so präzise Maß an Land Rovers Ur-Defender genommen, dass es deswegen schon leichte Verstimmungen seitens Land Rover gab. Denn diese britische »Ikone« will sich Land Rover auch nicht einfach wegnehmen lassen. Und auch die virtuelle Defender-Fangemeinde reagierte empfindlich und sah den Grenadier nur allzu gerne als freche Kopie des ikonischen Originals. Doch stimmt das auch? Nicht zuletzt beschäftigt sich dieses Buch auch mit dieser Frage und hilft vielleicht ein wenig bei deren Beantwortung. Doch ob es Ineos Automotive gelungen ist, mit dem Grenadier die Defender-Legende fortzuschreiben oder im Jahr 2022 den Grundstein zu einer neuen Legende gelegt hat, das werden letztlich die Käufer und Fans entscheiden.
Natürlich sind die Rahmenbedingungen des Jahres 1948 nicht mit denen des Jahres 2022 zu vergleichen. Die meisten »richtigen« Geländewagen wurden durch »SUV«-Nachfolger ersetzt. Diese Entwicklung zeigt sich allerdings auch in deren Umfeld. So erscheint die deutsche Geländewagen-Spezialzeitschrift »Off-Road«, die sich zwar bis heute hält, nicht mehr monatlich, sondern nur noch vierteljährlich. Zeitschriften haben es heute im Internetzeitalter leider ohnehin nicht mehr leicht. Bücher auch nicht, aber sie bedienen den Wissenshunger von wahren Markenenthusiasten oder, wie hier, von Fans eines bestimmten Fahrzeugtyps. Diesen Lesern ist gut Recherchiertes und Lektoriertes lieber und wertvoller als Internetbeiträge aus anonymer Quelle. Und die mögen auch nicht von der fünfundzwanzigjährigen Influencerin, die vom Fahrzeughersteller an luxuriöse Locations eingeladen wurde, nette Dinge über ein Auto erfahren. Solche Leser möchten kompetent und aufrichtig über ein Fahrzeug informiert werden. Ein Buch, das mit fundierten Hintergrundinformationen aufwartet und das man immer wieder gerne zur Hand nimmt: Ein Buch passt einfach gut zu einem Fahrzeug, das auch ein großes Maß an Beständigkeit und Tradition repräsentieren soll.
In diesem Fall gilt aber: Das mit der Tradition klappt im Falle des Grenadier noch nicht so richtig. Denn der Geländewagen muss sie erst noch begründen, denn bekanntlich haben weder er noch die Herstellerfirma eine um Jahrzehnte zurück reichende Ahnengalerie mit zahlreichen Vorgängermodellen. Ein Buch über ein so neues Autos und einen ebenso jungen Autohersteller mit einem (nur einem!) brandneuen Fahrzeug zu schreiben, war somit eine besondere Herausforderung für den Autor, nicht minder aufregend wie das Fahrzeug und seine Entstehungsgeschichte.
Der Autor wünscht angenehme Lektüre und viel Freude mit dem Grenadier.

Troisdorf, April 2025
Jörg Sand

Kapitel 1: Die Entwicklungsgeschichte

Die Entstehungsgeschichte des Grenadier ist mindestens so spannend wie das Fahrzeug selbst. Der Ineos Grenadier entstand, weil Jim Ratcliffe enttäuscht war. Weil aber Ratcliffe nicht nur über die finanziellen Mittel, sondern auch über die Durchsetzungsstärke verfügte, blieb es nicht beim bloßen Bedauern.

Unzufriedenheit führt zu Eigeninitiative

Der britische Milliardär und Land Rover-Fan war mit dem, was Land Rover 2019 als Nachfolger des legendären Defender präsentierte, ganz und gar nicht einverstanden. Aus dieser Enttäuschung heraus beschloss Ratcliffe, der bis dahin nie in der Automobilproduktion tätig gewesen war, sich einen neuen Defender selber zu bauen. Und weil er keine halben Sachen machen wollte, ist er die Umsetzung konsequent angegangen, einschließlich einer eigenen Autofabrik.

Das Vorbild: Der Defender in seiner letzten Ausführung, wie er zwischen 2010 und 2016 bei Land Rover in Solihull gebaut wurde.
(Foto: Auto-Medienportal.Net / Land Rover / JLR)

Im Jahr 2017 sah Jim Ratcliffe, Vorsitzender des Chemieriesen INEOS, Defender-Fan und erfahrener Abenteurer, eine Marktlücke für einen kompromisslosen, aber zeitgemäß-modernen 4x4. Die Idee kam ihm im Pub »The Grenadier« im Londoner Stadtteil Belgravia.

Der neue Defender, der 2019 erschien, brach mit vielen Tabus: Mit seiner leichten Aluminium-Monocoque-Konstruktion und Einzelradaufhängung war er eher luxuriöses SUV als hartes Allrad-Tier.
(Foto: Auto-Medienportal.Net / Land Rover)

Der Mann hinter dem Ineos Grenadier

Sir James Arthur Ratcliffe, wie er mit vollem Namen heißt, ist Jahrgang 1952 und kann ohne weiteres als Prototyp eines britischen Gentlemans gelten, einer von der Sorte, der stundenlang Tennis spielt und danach immer noch gepflegt und elegant wirkt, ohne dass ein Schweißtröpfchen seine Stirn verunziert. Ratcliffe hat an Expeditionen zum Nord- und zum Südpol teilgenommen, ist mit dem Motorrad durch Afrika gefahren und hat sich auf Skiern die steilsten Hänge hinuntergestürzt. Problemlos kann man ihn sich vorstellen wie er in einen Chalet im schweizerischen Davos vor dem prasselnden Kaminfeuer bei einem Martini-Cocktail mit Commander Bond plaudert und über dessen Abenteuer philosophiert. Ratcliffes größtes Abenteuer ist hingegen freilich noch voll im Gange. Im Alter von 64 Jahren ging er unter die Automobilhersteller, eine für ihn komplett neue Welt. Er will Abenteuern wie auch Ar-

Multimilliardär Ratcliffe, einer der reichsten Männer Englands, war mit der Ausrichtung des Defender – wie der neue aussehen könnte, hatte bereits eine Studie 2011 gezeigt – nicht einverstanden. Daher beschloss er, einen solchen selbst zu bauen.

Ratcliffe ist Sport-Enthusiast, besitzt den Premier-League-Club ManU ...
(Foto: HonorTheKing / CC-BY-SA 4.0)

beitern wieder einen Geländewagen anbieten, der diesen Namen auch voll und ganz verdient. Denn schließlich hat der SUV-Boom jede Menge »Softies« auf die Straße und die echten Geländewagen weggespült.

Jim Ratcliffe ist ein waschechter Selfmade-Milliardär, er wuchs in bescheidenen Verhältnissen als Sohn eines Schreiners auf. Die Familie lebte bis zu seinem zehnten Lebensjahr in einer Sozialwohnung. Sein Vater gründete eine kleine Möbelfabrik, seine Mutter arbeitete als Buchhalterin. Die Familie zog 1962 nach Hull in die Grafschaft Yorkshire. Ratcliffe besuchte dort die staatliche Grammar School in Beverly. Er war zunächst kein guter Schüler, aber er biss sich irgendwie durch und studierte anschließend Chemieingenieurwesen an der University of Birmingham, wo er 1974 graduiert wurde.

Ratcliffe arbeitete anschließend beim Mineralölunternehmen Esso und später beim Kunstfaserhersteller Courtaulds, zusätzlich studierte er noch Betriebswirtschaft bis zum MBA an der London Business School. Ab 1989 war er für die US-amerikanische Private-Equity-Gesellschaft Advent International tätig. Ratcliffe war dann an der Gründung von INSPEC beteiligt, einem Unternehmen, welches die ehemalige Chemiefabrik von British Petrolium (BP) Chemicals in Antwerpen (Belgien) leaste.

1998 gründete Ratcliffe in der Grafschaft Hamshire (GB) die Firma »Ineos«, die im Rahmen eines Buy-out INSPEC übernahm. Ratcliffe gehörten circa 60 Prozent des Unternehmens, das in der Folge abgestoßene Unternehmensteile europäischer Großunternehmen aufkaufte und selbst zu einem Großunternehmen in der europäischen Chemiebranche heranwuchs. Ineos verlegte 2008 aus steuerlichen Gründen seinen Sitz in die Schweiz, daneben gibt es seit 2015 ein Ineos Führungsbüro in London. Neben seiner Passion für den Land Rover Defender hat Herr Ratcliffe offensichtlich noch ein starkes Interesse an Fußball. Anders sind die folgenden Zukäufe von Ineos kaum zu erklären.

Seine unnachgiebige Art mit Gewerkschaften zu verhandeln, brachte ihm den Spitznahmen »Dr. No« ein. Tatsächlich hat er schon was von einem Bond-Bösewicht mit Superyacht und eigenem Wirtschaftsimperium.

Ratcliffe ist ein Sport-Enthusiast. Ineos unterhält einen eigenen Radrennstall – die Ineos Grenadiers, Begleitfahrzeug ist, natürlich, der Grenadier –, übernahm im Dezember 2017 den westschweizerischen Fußballklub FC Lausanne-Sport. Im August 2019 veranlasste Jim Ratcliffe die Übernahme des französischen Erstligisten OGC Nizza durch Ineos – laut französischen Medienberichten soll sich die Kaufsumme auf 100 Millionen Euro belaufen haben. Im Dezember 2023 erwarb Ratcliffe einen 25%-Anteil am Fußballverein Manchester United. Darüber hinaus ist Ineos mit 33% am Mercedes-AMG F1 Team beteiligt. Was unter anderem dazu führte, dass Mercedes-Pilot Lewis Hamilton in einem Werbespot für den Grenadier auftrat. In der jährlich von der britischen Sunday Times ermittelten Liste der britischen Superreichen gehört Ratcliffe zu den Stammgästen, im Jahr 2023 führte er mit einem Vermögen von 30 Milliarden Pfund Sterling die Rangliste als die reichste Person in Großbritannien an.

... ebenso wie einen eigenen Radrennstall, die Ineos Grenadiers.

Britische Ikonen unter sich: SIr Jim Ratcliffe und Sir Lewis Hamilton, beide ob ihrer Verdienste von der Queen in den Adelsstand erhoben, kamen durch die Verbindungen von Ineos zur Formel 1 in Kontakt.

Ratcliffe, der sich stets für den Brexit ausgesprochen hatte, verlegte seinen eigenen Wohnsitz im März 2019 über den Kanal an die Riviera nach Monaco.
Für seine Verdienste in den Bereichen Wirtschaft und Investitionen hat ihn die Queen mit dem Ritterschlag ausgezeichnet. Sir James Ratcliffe ist zum zweiten Mal verheiratet und hat drei Kinder.
Zu Beginn 2025 sieht sich der Chemiekonzern Ineos allerdings mit großen Herausforderungen konfrontiert. Die von Ratcliffe oft beklagte hohe Steuer- und Abgabenlast in Europa und vor allem auch die hohen Energiepreise haben das Konzernergebnis von Ineos Chemie deutlich ins Minus verschoben. Im ersten Quartal 2025 betrug der Schuldenberg über zehn Milliarden Euro. Eine Werksschließung in Schottland und die Einstellung beziehungsweise Kürzung einiger der Sportbeteiligungen und der Sportsponsorings waren

Zu nahe am Defender? Jaguar Land Rover versuchte, gegen den Bau des Grenadier juristisch vorzugehen. Die Versuche scheiterten. (Foto: JLR).

Der spanische »Santana« PS-10 mit Land-Rover-Genen war als rüstiges Arbeitstier gedacht, scheiterte aber am Markt. (Foto: Hersteller)

Der Land Rover Defender Works V8 wurde 2018 als Sonderserie mit V8-Motor in Kleinserie für betuchte Sammler wieder aufgelegt. (Foto: JLR)

Den »Santana« gab es auch in einer Pickup-Variante. (Foto: Hersteller)

Der italienische Nutzfahrzeughersteller Iveco übernahm die Produktion von Santana und brachte den Wagen als Iveco »Massif« auf den Markt. Trotz bärenstarkem Motor: auch der Massiv fand zu wenig Käufer. (Foto: Hersteller)

die unmittelbare Folge. Für seine 33-Prozent-Beteiligung am Mercedes-AMG F1 Team könnte Ratcliffe hingegen schnell und sicher eine halbe Milliarde Euro bekommen.
Rattcliffe gilt als sehr zielstrebig, er macht keine Gefangenen, sobald er ein Projekt im Visier hat: »Ich bin ein großer Bewunderer des alten Land Rover Defender und habe enormen Respekt vor seiner Geländekompetenz. Unser neuer Offroader wurde von ihm inspiriert. Er teilt zwar den Defender-Geist, wird aber ein großer Fortschritt im Vergleich zu den vergangenen Modellen sein.«

Ein Land Rover, der nicht von Land Rover ist? Achtung! Das gab es schon mal!

Von 1998–2011 bereicherte der Iveco Massif / Santana PS-10 die Geländewagenwelt, ohne den großen Durchbruch zu feiern. Genau das wollte Ratcliffe seinem Lieblingsprojekt ersparen. Daher hat man sich im Vorfeld auch diesen Geländewagen genau angesehen – und die Gründe für dessen Scheitern.

Denn auch der im andalusischen Linares gebaute Allrader erinnerte vom Konzept her stark an den Defender – kein Wunder: Das spanische Unternehmen Santana, 1956 als Landmaschinenhersteller gegründet, ging 1961 ein Joint Venture mit Land Rover ein und baute fortan die Serie-II-Landys in Lizenz. Geschützt von gewaltigen Import-Zöllen, entwickelte sich das Geschäft prächtig. In Spanien, Portugal und auch Marokko und Algerien setzte Santana seinerzeit viele Lizenz-Rover ab. 35 Jahre später stellten die Spanier, die mit dem kleineren Suzuki LJ / Samurai einen zweiten Geländewagen in Lizenz produzierten, 1998 den PS-10 »Anibal« vor. Im Design des Fahrzeugs gab man sich viel Mühe, um möglichst jede Verwechslung mit einem Land Rover zu vermeiden. Ein großer Erfolg war dem Santana Anibal auf den großen Absatzmärkten nicht beschieden, begründet durch die eher schleppende Serienfertigung und das dünne Händlernetz. 2007 übernahm der italienische Nutzfahrzeughersteller IVECO den PS-10 und taufte ihn um in »Massif«. Auch das half letztendlich den Verkaufszahlen in Deutschland nicht

Der Vierzylinder Nutzfahrzeugmotor aus dem Iveco »Daily« war das Filetstück des Massif. (Foto: Hersteller)

Spartanisch aber sehr zweckmäßig war das robuste Interieur des Iveco Massif eingerichtet. (Foto: Hersteller)

Das technische Konzept des Iveco Massif war nicht nur sehr einfach, sondern auch sehr in die Jahre gekommen. Vor allem das Fahrwerk mit Blattfedern vorn und hinten war nicht mehr auf der Höhe der Zeit. (Foto: Hersteller)

Von den Proportionen ist der Grenadier ein stimmiges Fahrzeug, auch wenn er im Vergleich zum Ur-Defender riesig geworden ist. Länge, Breite und Räder sind alles eine Nummer größer als beim Vorbild.

auf die Sprünge, der Massif wurde 2011 eingestellt.

Bestes Stück am Massif war sein Euro-4-Daily-Motor. Schon der Euro-3-Vorgänger – Vierzylinder, 128 PS stark – hatte einen Ruf wie Donnerhall und nagelte nicht nur im PS-10 und im Daily-Transporter, sondern auch vieltausendfach in anderen Nutzfahrzeugen. In der neuesten Ausbaustufe auf drei Liter Hubraum angewachsen, hatte er in Leistung und Drehmoment gewaltig zugelegt. Mit 176 PS war er dem damals aktuellen Land Rover Defender Td4 weit überlegen, zumindest was den Motor anging. Der Massif setzte aber noch auf Blattfederpakete an beiden Starrachsen.

Das Fahrwerk und die abenteuerliche Geräuschkulisse in der nahezu ungedämmten Karosserie sorgten dafür, dass lange Reisen mit dem Massif eher unkomfortabel ausfielen. Systembedingt entwickelte die Federung ein reges Eigenleben, am besten zu erleben bei Notbremsungen aus hohem Tempo. Da kam viel Bewegung in die Fuhre, da war eine kräftig zupackende Hand gefragt. Grobe Verwerfungen oder Schlaglöcher in der Piste ließen das Lenkrad erzittern, weil die Blattfedern zusätzliche Impulse in die Lenkung einleiteten. Auf schlechtem Untergrund kamen die Federpakete bei schneller Fahrt ohnehin an ihre Funktionsgrenze, dann wurde es ruppig und stoßig.

Positiv zu werten war dagegen der verfügbare Innenraum. Besonders Defender-Fahrer nahmen erstaunt zur Kenntnis, dass man auf identischem Grundriss durchaus passabel Platz nehmen kann. Speziell der Fahrer saß bequemer und luftiger als im englischen Vorbild. Wie dieser verzichtete auch der Massif auf moderne Sicherheitstechnik: Airbags und ESP waren nicht verfügbar, und ABS war beim Iveco nicht mal gegen Aufpreis zu haben. Die daraus resultierenden Bremswege erforderten eine vorausschauende Fahrweise.

Wenn mit Iveco ein bereits etablierter Nutzfahrzeughersteller mit weltweitem Vertriebsnetz und erheblichen technische Ressourcen mit dem Versuch scheiterte, einen »Hardcore«-Geländewagen auf dem Markt zu etablieren, so war das ein Warnzeichen für das mutige Ineos-Projekt, aber kein Grund, die Pläne zu begraben. Vielmehr zog Ineos daraus folgende Lehren:

1. Ein »Lowtech«-Auto ist auch bei geringerem Preis nicht unbedingt marktfähig.
2. Auch ein den Wettbewerbern erheblich überlegener Motor reicht nicht aus, um den Erfolg eines Fahrzeugs zu garantieren.
3. An der Sicherheit darf man auf keinen Fall sparen.
4. Der Kunde legt Wert auf gehobenen Fahrkomfort.

Diese Erkenntnisse spielten eine große Rolle bei der Verabschiedung des endgültigen Konzeptes.

Erste Überlegungen

Mit einem Milliardär als Finanzier im Hintergrund kann man natürlich mit der richtigen Mannschaft sorglos ein schönes Auto an den Start bringen. Aber da das Projekt nicht ein Fass ohne Boden werden sollte, wurde zunächst versucht, das Marktpotential für solch ein Fahrzeug auszuloten. Dazu wurde eine sechsmonatige Studie in Auftrag gegeben, um das Marktpotential zu eruieren. Im Anschluss fiel dann die Entscheidung, das Projekt »Grenadier« anzugehen. Nachdem die groben Eckpunkte des Fahrzeugs und das Design festgelegt waren, folgte der nächste Schritt, nämlich die Einrichtung von Beratergruppen, gebildet von verschiedenen Spezialisten aus der Off-Road-Szene, die zum Konzept des Grenadier Stellung nehmen sollten.

Deren Zusammenstellung verantwortete eine kundige PR-Agentur. Ich war zeitweise ein Teil dieser Expertengremien, die aus fachkundigen Enthusiasten bestanden, von Menschen, die mit Herzblut bei der Sache waren. Denn Geld gab es dafür nicht, lediglich eine Übernahme der Spesen. Bei diesen Treffen war das neue Fahrzeug anfangs auch nicht in Wirklichkeit zu betrachten, zu betasten und zu erproben, sondern lediglich mittels einer VR-Brille zu besichtigen. Diese virtuellen Rundgänge bildeten die Grundlage der sich anschließenden Diskussionen. Diese Treffen fanden in verschiedenen

Ländern und an verschiedenen Orten statt, bei einem davon, veranstaltet in einem Hotel in Wiesbaden, war, wie gesagt, ich anwesend. Das Design des Fahrzeugs war zu diesem Zeitpunkt schon fast endgültig fixiert.
Drei Punkte waren mir an dem Fahrzeug sofort aufgefallen:

- Der erste Entwurf war meines Empfindens viel zu nah am alten Land Rover Defender inklusive dessen Rückspiegeln und Türgriffen.
- Das Auto selbst wirkte hingegen im Vergleich zum Defender riesig.
- Die Räder waren im 17-Zoll-Format für einen Geländewagen unüblich groß.

Auch bei den Fahrzeugdaten hatte ich an drei Stellen Anmerkungen:

- Der Preis war damals mit vollkommen unrealistischen 40.000 Euro angesetzt. Es war klar, dass dieses Fahrzeug nicht unter 70.000 Euro zu produzieren wäre.
- Ein weiterer Kritikpunkt betraf das Gewicht: Angesichts der Größe des Fahrzeugs schien unvermeidlich, dass der Grenadier viel schwerer werden musste als projektiert – was bei einem Geländewagen eigentlich nicht wünschenswert ist.
- Mit der BMW-Motorisierung entfiel die Möglichkeit, Fahrzeuge an das Militär zu verkaufen. Das war vertraglich untersagt. Das vorliegende Konzept schloss also das Militär als Kunde aus.

Andererseits war ich positiv überrascht, wie sehr der neue Fahrzeughersteller die Kompetenz der handverlesenen kleinen Beratergruppe schätzte. Und ich freute mich wirklich, einen kleinen Beitrag zur Entwicklung dieses neuen Offroad-fähigen Fahrzeugs zu leisten. Ich stand mit meiner Einschätzung nicht allein, andere Teilnehmer der Gruppe teilten meine Ansichten zum Projekt, und nicht wenige wünschten sich ein einfacheres, günstigeres Fahrzeug.
Im Nachhinein haben sich meine Prognosen bestätigt, und die Anregungen wurden zum Teil auch umgesetzt. Jedenfalls hatte das Serienfahrzeug weder Defender-Rückspiegel noch -Türgriffe, und der Listenpreis übertraf meine Einschätzung noch, denn er musste auf über 80.000 Euro klettern. Mit seinen 2.650 Kilogramm ist der Grenadier auch kein Leichtgewicht geworden. Die Räder blieben hingegen im 17-Zoll-Format, obwohl es sicher auch leistungsfähige (aber teure) 16-Zoll-Bremsanlagen gegeben hätte. Der Versuch, den Grenadier für militärische Kunden interessant zu machen, scheiterte nicht nur am Motorlieferanten BMW, sondern auch am hohen Fahrzeuggewicht des Grenadier. Ineos experimentierte daher wohl mit einem Cummins-Diesel, um sich diese Option dennoch offen zu halten. Weil aber bei der Konzeption für das Militär wich-

Der Ineos-Stand beim Goodwood Festival of Speed in England 2023. Die weltweit stark beachtete Veranstaltung wird von vielen Autoherstellern (vor allen von den britischen) dazu genutzt, ihre Fahrzeuge vorzustellen und zu präsentieren.

tige Parameter wie etwa die Luftverlastbarkeit und Absetzbarkeit per Fallschirm nicht berücksichtigt worden waren, ist der Grenadier in der aktuellen Version für eine militärische Verwendung wenig geeignet. So bleiben neben den zivilen Kunden noch die Rettungsdienste und andere »Blaulichtkunden« als zusätzliche Nachfrager des Grenadier. Andererseits steckt auch in diesem Markt sehr viel Potential. Das hat Ineos erkannt und umwirbt diese Kundschaft massiv. Höhere Stückzahlen lassen sich aber, zumindest momentan, im zivilen Bereich bei wohlhabenden Individualisten erzielen. Hier hat Ineos vor allem auch die begüterten Jäger im Blick, die auf robuste Fahrzeuge angewiesen sind.

Bei der »Einautomarke« Ineos kommt eine wesentliche Herausforderung hinzu: Das Programm ist zu klein, um Marktveränderungen auszugleichen. Es gibt kein weiteres Modell, das bei einer rückläufigen Nachfrage für den Grenadier in die Bresche springen kann. Wenn bei Mercedes, Jeep oder Toyota die Geländewagen mal schwächeln, verkaufen diese Hersteller trotzdem Fahrzeuge, nur eben in anderen Segmenten.

Das technische Konzept

Jim Ratcliffe sah nach dem Defender-Ende Bedarf an einem Geländewagen, der Abenteuer, Allrad und Alltag gleichermaßen zu bewältigen verstand. Das gab die Richtung vor: Entstehen sollte ein Fahrzeug mit den Tugenden des Ur-Defender, aber ohne dessen Schwächen. Das zu entwickelnde Fahrzeug musste robust sein, hohe Offroad-Fähigkeiten aufweisen und auf Langlebigkeit ausgelegt sein. Das sollte zum Markenkern der »Ineos Automotive Limited« werden.

Die Neugründung einer Automarke im 21. Jahrhundert ist aber ein ungewöhnlicher Schritt und eine sehr große Herausforderung, zumal Ratcliffe zu verstehen gab: »Wir wollen den unverfälschtesten Offroader der Welt bauen und auf die Straße bringen und zielen dabei auf alle Entdecker, Landwirte und Offroad-Enthusiasten.« Ratcliffe weiter: »Er wird so klassenlos wie nur möglich sein«, sagte er, »ein Geländewagen ohne Schnickschnack, ohne Kompromisse. Es soll ein Fahrzeug sein, das man wie den originalen Land Rover mit einem Wasserschlauch von innen und außen reinigen kann.«

So sehr sein Herzblut an Autos wie dem Defender hing, so generalstabsmäßig geht Ratcliffe beim Bau seines eigenen Geländewagens vor: Er hat den bislang von Köln aus für Engineering und Technologie bei Ineos zuständigen Anlagenbauer Dirk Heilmann zum ersten Projektleiter bestimmt und ihm ein Budget von einer knappen Milliarde Euro zur Verfügung gestellt.

Damit hat Heilmann 2018 nicht nur Magna mit der Entwicklung des Modells beauftragt, sondern auch bei BMW eine hohe fünfstellige Zahl an Sechszylinder-Dieseln und -Benzinern bestellt, die den kantigen Allradler in Fahrt bringen. In beiden Fällen kann man die Ineos Automotive Ltd. zur Partnerwahl nur beglückwünschen: »Ein absoluter Traum. Von der Machbarkeitsstudie bis zur Serienentwicklung hat das komplette Team mit voller Unterstützung von INEOS Capital einen super Job gemacht. Die Fahrzeugentwicklung ist nur mit solch einer Gruppenleistung möglich«, schwärmte später Dirk Heilmann, der »Spaß daran hatte … Menschen zusammenzubringen, die gemeinsam an einem Produkt und einem Ziel arbeiten.«

Wichtigster Entwicklungspartner für das Gesamtfahrzeug war Magna im österreichischen Graz, die erste Adresse in Sachen Allradentwicklung. Magna hat laut eigenen Angaben über 40 Autos und Varianten komplett entwickelt und zur Serienreife gebracht und mehr als vier Millionen Fahrzeuge produziert. Bei Magna laufen seit 1979 alle Mercedes G-Klassen vom Band. Darüber hinaus wurden in Graz unter anderem Mercedes M-Klasse-Modelle so wie Jeep

Ineos CEO Dirk Heilmann trifft sich mit Vertretern von Magna-Steyr auf deren Hausteststrecke »Schökl« bei Graz. Im Hintergrund der Puch Pinzgauer, die 4x4 Ikone aus Graz.

Im Ineos-Werk im französischen Hambach wurden zuvor Smart gebaut.

Grand Cherokee und BMW X3 gebaut; die Allradtechnik von Magna Steyr findet sich zudem in vielen Fahrzeugen anderer Hersteller. Außerdem haben die Österreicher auch durch den Bau eigener hoch geländegängiger Fahrzeuge (Puch Pinzgauer und Haflinger) über hohe Kompetenz im Bau von anspruchsvollen 4x4-Fahrzeugen bewiesen. Frank Klein, Präsident von Complete Vehicle Manufacturing & Engineering bei Magna Steyr, meinte bei der Übernahme des Projekts: »Wir bei Magna bekleiden mit unserer umfassenden Fahrzeugexpertise eine besondere Rolle. Dieses Know-how ermöglicht es uns, traditionelle Fahrzeughersteller zu unterstützen und gleichzeitig Anlaufstelle für frische, junge Marken in diesem Gebiet zu sein.« Und wer mochte bezweifeln, dass mit Ineos eine besonders junge Marke die Bildfläche betrat?

Über die Qualitäten von BMW als Motorenlieferant muss nicht weiter gesprochen werden. Allerdings ist bekannt, dass BMW nicht so einfach seine Motoren abgibt und sich schon sehr genau anschaut, ob der Kunde »würdig« ist, von den Bajuwaren beliefert zu werden. BMW prüft also genau, wer diese Motoren bekommt, im Fall von Grenadier sprach vor allem dafür, dass die Finanzierung des Projekts auf sicheren Füßen stand und dass es durch den Grenadier keine Konkurrenz zur eigenen Modellpalette gab.

Im ersten Anlauf wollte Ratcliffe so vorgehen, wie er es bei seinen vielen Firmenübernahmen gehandhabt hat: Er kauft alte Produktionsanlagen und baut das Geschäft unter neuen Vorzeichen wieder neu auf. Doch als der Ineos-Boss kurzerhand die Montageanlagen und die Lizenz für den Defender übernehmen wollte, haben die indischen Besitzer (Tata) und ihre britischen Statthalter (Land Rover) vor Ort den Milliardär abblitzen lassen und ihn sehr deutlich wissen lassen, was sie von seiner Idee hielten – nämlich nichts. Natürlich freute man sich bei Land Rover in Solihull über jeden Freund der Marke und über jeden Defender-Fan. »Doch wenn einer einen Defender baut, dann ist das Land Rover«, so war die Meinung – was man dann ja auch erfolgreich praktizierte, in dem man einige »Ur« V8 Defender 90 Station Wagen der letzten Generation wieder neu aufbauen ließ und sie für rund eine Viertelmillion Euro pro Stück verkaufte. Aktuell bietet Land Rover offene »Ur« Defender 90 V8 für 265.000 Euro an.

In der Folge änderten Ratcliffe samt Projektleiter Heilmann die Ausrichtung: Geplant war nun nicht mehr der Nachbau des in die Neuzeit transformierten Defenders, sondern eine komplette Neuentwicklung, die allenfalls vom Land Rover inspiriert war, weil sie die Gene eines klassischen, robusten und schnörkellosen Geländewagens trüge – wie der Land Rover auch.

Zunächst sollte der Grenadier, der nach einem Londoner Pub, in dem die Idee für das Fahrzeug 2016 entstanden ist, benannt wurde, in einem neuen Werk in Wales gebaut werden. Denn angesichts des bevorstehenden Produktionsendes des Defender hatte sich Ratcliffe mit Freunden im Pub »The Grenadier« getroffen und des alsbald Verblichenen gedacht. Was dabei genau geschah, wissen nur diejenigen die dabei gewesen sind, am Ende aber kritzelte Ratcliffe einen Entwurf auf einen Bierdeckel und wettete mit einem Freund, dass er das Projekt realisieren werde. Bestimmt hoffte er auch auf die Sympathien von Cedric, dem berüchtigten Gespenst von »The Grenadier«. Der Legende nach wurde der junge Soldat vor etwa 300 Jahren ermordet, als er beim Kartenspiel beim Schummeln erwischt wurde. Im Laufe der Jahre haben Besucherinnen und Besucher Geldnoten an der Decke befestigt, damit dieser seine Schulden zurückzahlen kann und ihnen im Gegenzug Glück bringt. Beim offiziellen Start des Projekts 2016 hat Jim jedenfalls einen Geldschein an die Decke des Pubs befestigt und wurde so selbst Teil der Grenadier-Geschichte.

Der Produktionsstandort hätte dem Beinahe-Defender-Nachfolger auch gut zu Gesicht gestanden. Doch, und das passt zum bisherigen System von Firmenübernahmen durch Ineos: Nachdem klar war, dass Mercedes-Benz die Smart-Produktion aufgeben würde, stand das Smart-Werk im französischen Hambach zur Disposition. Im Dezember 2020 verkündete Ineos Automotive die Übernahme der Werksanlagen von der Mercedes-Benz AG und rüstete es für 770 Millionen Dollar um, wobei sich Mercedes-Benz an den Kosten beteiligte. Der Smart Fortwo wurde noch bis zum Ende des Modellzyklus der dritten Generation im März 2024 von Ineos im Auftrag für Mercedes-Benz in Hambach weiter gefertigt; die Produktion des Ineos lief ab Oktober 2022. Ineos Automotive geht mittelfristig von einer Produktionsstückzahl von 25.000 Grenadier Fahrzeugen pro Jahr aus.

Produktionsstart im Ineos-Werk Hambach: Der erste Grenadier verließ das Band am 18. Oktober 2022.

Der Erwerb eines bereits fertigen Autowerks vereinfacht natürlich die Prozesse zum Produktionsstart in erheblichen Umfang. Die Entscheidung sei gefallen, so Jim Ratcliffe, wegen des »hervorragenden Zugangs zu Lieferketten, Automobilbau-Talent und Zielmärkten«.
Dass der Ineos Grenadier jetzt nahe der deutschen Grenze vom Band rollt, ist ein harter Schlag für Bridgend im britischen South Wales, wo das Fahrzeug ursprünglich gebaut werden sollte. Doch in Jim Ratcliffes Welt ist kein Platz für solche patriotischen Sentimentalitäten. Expertise, moderne Technik und Finanzen schlagen Heimatverbundenheit: »Hambach war eine einzigartige Gelegenheit für uns, die wir uns einfach nicht entgehen lassen konnten: eine moderne Automobilfertigungsanlage mit einer Belegschaft auf Spitzenniveau zu übernehmen«, so der Ineos-Chef.

Die Vorserie kam aus Deutschland

Die Entwicklungsarbeit begann in enger Abstimmung mit Magna, – wobei auch eine Tochterfirma von Mercedes-Benz involviert war – 2018, rund 16 Monate später, Ende 2020, hatten die Österreicher den ersten Prototypen so weit, dass die Fahrerprobung beginnen konnte. Die Fahrversuche erfolgten in Österreich, Deutschland, der

So sieht die Werbeabteilung von Ineos den Grenadier, vor britischer Schlosskulisse. Die beiden Ausstattungslinien heißen »Trialmaster« (Bild) und »Fieldmaster«.

Ein Grenadier »Fieldmaster« in der britischen Traditionsfarbe für Rennfahrzeuge »British Racing Green«.

Etwas nüchterner Ineos-Showroom, zu Beginn setzte Ineos beim Verkauf auf ein »Agenturkonzept« ähnlich wie Tesla. Im Juni 2022 hatte man in Großbritannien 24 Agenturen verpflichtet, die Mehrheit der Kunden sollte stets innerhalb von 45 Minuten einen offiziellen Verkaufs- und Servicestandort erreichen können. Seit 2025 kehrt man aber zum konventionellen Händlerverkauf zurück.

Der Ineos Grenadier war bereits in über 40 Ländern weltweit eingeführt, bevor im September 2024 die Markteinführung auch in China, zunächst an vier Standorten, erfolgte.

Schweiz, Ungarn, Schweden, Spanien, Frankreich, Italien und Marokko; Ende 2021 hatte Magna die Konstruktion so weit verfeinert, dass zum Jahreswechsel 2021/22 die Produktion der Vorserienmodelle beginnen konnte. Mit der Fertigung der ersten zehn Prototypen wurde der Geländewagenspezialist LeTech im baden-württembergischen Welzheim beauftragt, denn die Zeit drängte, um die Homologation des Gesamtfahrzeugs inklusive Motortechnik noch vor Inkrafttreten neuer Emissionsgrenzwerte abschließen zu können.

LeTech zeichnete sich unter anderem auch für die Entwicklung und Produktion der Portalachsen für die Mercedes-Benz G-Klasse (W463) verantwortlich und für diverse Sonderfahrzeuge auf Mercedes G-Klasse Basis. Auch hier griff Ineos also auf Experten im Off-Road-Bereich zurück. Le Tech ist jetzt auch offizielle Grenadier -Agentur, also Vermittler und Betreuer für den Wagen. Direkter Vertragspartner des Kunden ist Ineos Automotive.

Die ersten zehn Fahrzeuge mussten in erheblichen Zeitdruck gefertigt werden, da sich das Zeitfenster für die EU-Abgas Homologation für die bereits bestellten BMW-Motoren unerbittlich schloss. So wurden viele Karosserie- und Anbauteile schnell im 3-D Drucker produziert. Diese zehn Prototypen sind einmalige Fahrzeuge die teilweise mit verschiedenen Komponenten – etwa Achsen – anderer Hersteller zusammengebaut wurden. Nachdem die EU-Homologation erteilt worden war, fertigten für die eigentliche Erprobungsphase dann bei Magna rund 250 Mitarbeiter in Graz 130 weitere bereits seriennahe Prototypen. Der Bau eines jeden dieser Prototypen der Kategorie 2B dauerte rund zwei Tage, und mit diesen von Hand zusammengesetzten Erprobungsträgern wurden dann zusammen 1,8 Millionen Testkilometer abgespult. Die Erprobung dieses ultimativen Offroaders – und nichts weniger war das Ziel – fand in den Alpen ebenso statt wie in Schweden, in der Wüste ebenso wie im australischen Outback – überall dort eben, wo halbgare Geländewagen an ihre Grenzen geraten.

Die Markteinführung

Seit Mai 2022 konnte der Geländewagen bei weltweit gut 200 Vertriebs- und Servicestellen bestellt werden; die Markteinführung erfolgte im Dezember 2022, angeboten in den Versionen »Fieldmaster« und »Trialmaster«.

Sie fiel zusammen mit der Bestallung von Lynn Calder zum neuen Chief Executive Officer (CEO). Calder war seit sechs Jahren in verschiedenen Führungspositionen in der Ineos-Gruppe tätig gewesen und arbeitete zuvor als Managerin im Private Equity-Bereich. Eine weitere Neubesetzung betraf die Position des Chief Operating Officer (COO). Hans-Peter Pessler übernahm ihn ab 2023. Der ehemalige Magna Steyr-Manager verantwortete alle technischen und betrieblichen Abläufe. Phillippe Steyer blieb Präsident von Ineos Automotive SAS und damit zuständig für die Bereiche Fertigung, SHE (Sicherheit, Gesundheit und Umwelt-management) und Lieferkette.

Seit 2022 Ineos Automotive CEO: Lynn Calder.

Im Werk im französischen Hambach arbeiten mittlerweile 800 Mitarbeiter bei Ineos Automotive, und der Grenadier wird inzwischen in 50 Ländern verkauft, seit September 2024 auch in China. Der wichtigste Automobilmarkt der Welt wird vorerst von vier Einzelhandelsstandorten aus erschlossen, die Stores sind in Peking, Chengdu, Shanghai und Guangzhou (Kanton).

Kapitel 2: Der Grenadier im Detail

Auch wenn sich sein »Schöpfer« Jim Ratcliffe für den Brexit und damit gegen die EU ausgesprochen hat, ist sein Grenadier ein multinationales Projekt mit Wurzeln in vielen europäischen Ländern. Initiiert in England, produziert im französischen Hambach, versehen mit einem Herz aus Bayern und einem Getriebe aus Baden-Württemberg. Achsen und Bremsen stammen aus Italien und das Verteilergetriebe aus den USA: Der Grenadier ist ein wahres »Weltauto«.

Der Grenadier und sein Design

Das Design des Grenadiers ist funktional und robust, mit einem klaren Fokus auf Praktikabilität. Es ist auch rustikal und simpel, beinahe zeitlos, wie aus dem Vollen gefräst, ganz offensichtlich angelehnt an die Optik des alten Land Rover Defender. Die äußere Form ist kantig, der Aufbau hoch. Die Karosserieflächen sind glatt und großen Seitenfenstern. In den an außenliegenden Scharnieren aufgehängten Türen, die über eine Stützlast von rund 40 kg verfügen, sind Befestigungsschienen eingelassen. An den Hecktüren des Kofferraums ist das Reserverad und eine Leiter angeschraubt.

Toby Ecuyer erhielt den Auftrag, das Design für den Grenadier zu entwerfen. Von Hause aus ist er Architekt und verdient eigentlich sein Geld mit dem Design von Superyachten. Die Designaufgabe des Grenadier unterschied sich von den meisten anderen Fahrzeugen, die er bislang entworfen hatte, denn die Vorgaben waren speziell. Sie lauteten: »Ersetzen Sie den Defender durch ein Design, das näher am Original ist, als es der frühere Hersteller geplant hatte. Geben Sie ihm ein einzigartiges Gesicht, um Vorwürfe des Kopierens zu vermeiden, und verwenden Sie ein modernes Fahrwerk, um mehr Komfort und Leistungsfähigkeit einzubauen. Ach ja, und machen Sie ihn genau so, wie es sein willensstarker, Defender-liebender Milliardärs-Geldgeber will.«

Ecuyer nennt seine enge Beziehung zu Ratcliffe (sie haben zwei Superyachten zusammen gebaut) als Grund für sein Interesse am Grenadier-Projekt.

Den ersten Vorgeschmack auf den Grenadier-Job bekam er 2018,

Jim Ratcliffe im Gespräch mit TV-Moderator-Ikone Richard Hammond (rechts). Der Herr auf der linken Seite heißt Toby Ecuyer, er ist Architekt von Luxusjachten und auch für das Grenadier-Design verantwortlich .

Kein überflüssiger Schnickschnack, aber eine Heckleiter ist unabdingbar – wie auch ein außen angebrachtes Reserverrad. Der hier zusehende BF Goodrich AT steht auf der Optionsliste.

Moderner Rohbau mit so viel Leichtmetall wie möglich, um das Grenadier-Gewicht zu senken..

kurz nachdem er die Arbeit an Ratcliffes neuester Yacht beendet hatte. Einen Tag nachdem er beschlossen hatte, nach 20 Jahren nautischer Arbeit eine Pause einzulegen, erhielt Ecuyer einen Anruf von Ratcliffe, der ihn einlud, beim neuen Autoprojekt mitzumachen. Seine Designphilosophie beim Grenadier: »Das Layout ist funktional, logisch und bedienungsfreundlich konzipiert. Der Grenadier ist ausgestattet mit allem, was notwendig ist – und mit sonst nichts.« Und Dirk Heilmann, CEO von Ineos Automotive, ergänzt: »Der Grenadier ist innen wie außen dazu konzipiert, eine Aufgabe zu erfüllen – Menschen und ihre Ausrüstung dorthin zu bringen, wo sie hin möchten. Komfortabel, kontrolliert und ohne Umstände.«
Projektleiter Heilmann im Interview zu den Plagiatsvorwürfen: »Auch vom G-Wagen weist viele Merkmale auf, er ist nicht nur Land Rover. Wir finden, er (der Grenadier) wirkt frisch, nicht altmodisch. Er ist ein von Grund auf neu konstruiertes und designtes Fahrzeug...«

Der Grenadier und seine Karosserie

Das Karosserie-Grundgerüst besteht, anders als beim Defender, bei dem es bekanntlich aus Aluminium ist, aus verzinktem Stahlblech. Anschließend erfolgt eine Pulverbeschichtung. Anschließend gab es eine Wachsdusche. Alle übrigen Karosserieteile wie Türen und Motorhaube sind aus Aluminium oder Kunststoff gefertigt. Keine Chance also, so steht zu erwarten, für Korrosion. Ob das wirklich so ist, werden wir in einigen Jahren wissen.

Der Grenadier und sein Interieur

Innen ist der Grenadier grundsätzlich so simpel und rustikal gehalten wie außen. Dennoch, und dieser Vergleich drängt sich auf, liegen Welten zwischen dem Innenraum des Defender und dem des Grenadier. Positiv ist vor allem das im Gegensatz zum Land Rover üppige, wenn auch nicht verschwenderische Platzangebot. Die ordentlich bequemen Sitze stammen von Recaro und sind langstreckentauglich; sie bieten auch 1,95 Meter großen Fahrern genug Bewegungsfreiheit. Das mit abwaschbarem Textil bezogene Gestühl bietet nur wenig Verstellmöglichkeiten, ist aber im Gegensatz zu den Defender-Sitzen wirklich langstreckentauglich. Selbst hinten sitzt man bequem, mit gut nutzbarer Beinauflage, tiefem Boden und steil stehender Rückenlehne. Auch die

Der für »Traditionalisten« doch sehr ungewohnte, weil minimalistische Ausblick auf die kaum vorhandenen Armaturen im Ineos Grenadier. Das farbig ummantelte Lenkrad ist Kennzeichen der Trialmaster-Ausstattung.

Die Ineos-Kommandozentrale mit filigranem BMW-Wählhebel.

Die Markierung des Warnblinkschalters ist vorbildlich und könne gerne bei anderen Fahrzeugherstellern auch so übernommen werden.

Die futuristische Dachkonsole ist ein Alleinstellungsmerkmal des Grenadier.

Geräumiges Fondabteil im Grenadier Station Wagen.

So strapazierbar und puristisch wie der Rest: die Türtafeln.

Verarbeitungsqualität stimmt, mit wirklich erstaunlich viel geschäumten Kunststoffen statt schnödem billigen Hartplastik, gummierten Oberflächen sowie Textileinlagen. Leder gibt's gegen Aufpreis. Trotzdem muss man beim Auswaschen der Fuß- und Kofferräume nicht sparsam mit Wasser umgehen, denn über den gesamten Innenraum verteilt sind fünf Ablaufventile in den Boden eingelassen.

Das Cockpit und die Instrumentierung hingegen brechen, ohne dass eine Notwendigkeit erkennbar wäre, komplett mit der Tradition. Es gibt keine klassischen Rundinstrumente mehr, sondern einen kleinen Bildschirm vor dem Lenkrad und einen Touchscreen für das Infotainmentsystem mit zentralem Dreh-Drücksteller im BMW-Stil. Zudem findet sich im Grenadier unübersehbar ein Gangwahlschalter, wie man ihn aus dem BMW X3 der Baureihe BMW G01 kennt.

Mit den großen Schaltern und Drehreglern in der Mitte der Bedienkonsole, auf der auch der 12,3-Zoll-Touchscreen steckt, erinnert der Innenraum fast schon an einen Tesla Model 3. Der große Bildschirm zeigt alle wichtigen Informationen wie Tempo und Drehzahl; hinter dem Lenkrad findet sich lediglich ein kleines Anzeigenfeld, das durch orangefarben beleuchtete Symbole im Warnleuchtenstil über das gerade anliegende Fahrprogramm und die aktuell gesperrten Differenziale informiert. Ganz offensichtlich von BMW inspiriert ist der hinter den Getriebewählhebeln installierte, etwas tief sitzende Dreh-Drücksteller nebst Direktwahltasten als Alternative zur Touchscreen-Bedienung. Denn so viel Elektronik kommt nicht bei jedem Traditionalisten gut an. Doch auch die erhalten Komfort- und Sicherheitsfeatures wie acht Airbags, Isofix-Halterungen, Notrufassistent, ABS, ESP, sowohl eine Servolenkung als auch eine Reifendruck- und Temperaturanzeige. Rückfahrkamera, Parksensoren vorn und elektrisch einstellbare sowie beheizbare Außenspiegel sind verfügbar, kosten aber extra: Traditionalisten können bei der Bestellung hier Enthaltsamkeit üben. Seit dem Modelljahr 2024 gehören Sicherheitssysteme für Notbremsungen, Spurhalte- und Abstandsassistenten zum Standard.

Die Bedieneinheit in der Dachkonsole ist gewöhnungsbedürftig. Das Flugzeugcockpit-ähnliche Panel befindet sich hinter dem Innenrückspiegel. Es umfasst nicht nur Knöpfe und Schalter für Fahrprogramme (zum Beispiel für Offroad- und Watmodus),

Blick in den Motorraum, hier mit Webasto-Standheizung, bestehend aus dem Heizgerät Thermo Top Evo mit vier oder fünf Kilowatt Heizleistung sowie einer extra für die Einbauposition entwickelten Halterung. Darüber hinaus erleichtern der Kraftstoffentnehmer Webasto FuelFix, ein Plug-and-Play Kabelbaum für die Gebläseansteuerung und das Steuermodul Cronus Smart den Einbau. Die Gesamteinbauzeit liegt bei rund elf Stunden.

(Foto: Webasto)

Die Grenadier-Familie gibt es mit dem Dreiliter-Sechszylinder Turbodieselmotor, Typbezeichnung B57D30 sowie ....

... dem Dreiliter-Sechszylinder Turbo-Direkteinspritzer (B58B30). Beide Aggregate stammen von BMW. (Fotos: BMW)

Differenzialsperren und die Aktivierung der optionalen Stromausgänge, sondern informiert auch über die Maße des Fahrzeugs – als Erinnerung, falls es mal eng werden sollte, zwischen zwei Felsen oder im Großstadt-Dschungel. Letztlich aber ist der Grenadier unzweifelhaft ein Offroader der alten Schule. Der Wagen hat eine Bodenfreiheit von 26,4 Zentimetern. Wegen der kurzen Überhänge betragen die Böschungswinkel über 35 Grad. Und der Grenadier hat eine maximale Wattiefe von 80 Zentimetern.

Die Hecktür ist zweigeteilt. Am breiteren, rechts angeschlagenen Türflügel ist ein vollwertiges Reserverad befestigt. Alle Kunden erhalten Zugriff auf ein Online-Werkstatthandbuch mit einem 3D-Teilekatalog, das Eigenreparaturen erleichtern soll.

Der Grenadier und sein Antrieb

Ein Fahrzeug, das weltweit vermarktet werden soll, muss über passende Motoren für die jeweiligen Märkte verfügen. In den USA sind das die Benzinmotoren, im Rest der Welt sind das hingegen oft Dieselmotoren. Der Grenadier brauchte also beide Antriebslösungen. Ein so schweres Auto benötigt zudem sehr starke Antriebsaggregate, und zuverlässig müssen diese auch sein. Es lag also nahe, einen Motorpartner zu suchen, der sowohl starke Benzin- als auch starke Dieselmotoren in seinem Portfolio hat. Mit der Vorgabe landet man schon fast zwangsläufig bei den drei deutschen Herstellern, der Volkswagengruppe, der BMW AG und der Daimler AG. Ineos hat sich für BMW-Motoren entschieden, denn BMW hat die geringsten Berührungspunkte mit dem Grenadier. Eine Konkurrenzsituation ist nicht zu befürchten, da die Bayern weder einen Geländewagen noch ein Nutzfahrzeug im Programm haben.

Der Grenadier ist daher entweder mit einem BMW 3,0-Liter-Reihensechszylinder Turbo-Direkteinspritzer (BMW B58B30) oder mit einem BMW 3,0-Liter-Reihensechszylinder-Turbodiesel Common-Rail-Direkteinspritzer (BMW B57D30) ausgestattet.

Der B58 Motor ist eine Variante der 2013 auf Kiel gelegten Motorenbaureihe »B«. Die Ziffer »5« bezeichnet die Zylinderzahl – nein, nicht fünf, sondern sechs –; die »8« die spezifische Ausführung, in dem Fall Turbolader, Direkteinspritzung und variable Nockenwellensteuerung. Dann folgen das »B« für Benziner und die »30« stehen für drei Liter Hubraum. Durch die bei BMW traditionell übliche Reihensechszylinderbauweise sind keine freien Massenmomente und -kräfte der ersten, zweiten und dritten Ordnung vorhanden. Dadurch ist keine Ausgleichswelle erforderlich. Sowohl die Pleuel als auch die Kurbelwelle sind geschmiedet, Motorblock, Zylinderkopf und Ölwanne bestehen aus Aluminium. Neben der mechanisch angetriebenen Wasserpumpe verfügt der

Sechszylinder noch über eine elektrische Wasserpumpe, die hauptsächlich die Lager des Turboladers vor Überhitzung schützen soll, wie es beim Abstellen des Fahrzeugs mit noch heißem Motor durchaus vorkommen kann. Der Benziner leistet 286 PS (210 kW) bei 4.750 U/min und stemmt 450 Nm von 1.750-4.000 U/min auf die Kurbelwelle.

Beim Diesel kommt der B57D30O2 zum Einsatz, ebenfalls ein Vollaluminium-Dreiliter-Sechszylinder mit Biturbo und Stufenaufladung mit variabler Turbinengeometrie beim kleineren der beiden Lader. Der Common-Rail-Diesel, in der beim Grenadier verwendeten Ausbaustufe – mit Piezo-Injektoren bis 2700 bar maximalen Einspritzdruck ausgestattet – hat im Gegensatz zu den für den Straßeneinsatz gedachten BMW-Dieseln an Leistung (249 statt 286 PS) und Drehmoment (550 statt 650 Nm) verloren. Das maximale Drehmoment aber liegt schon zwischen 1.250 bis 3.000 U/min und damit wesentlich früher an. Entwickelt und gebaut wurde die neue Motorengeneration im österreichischen BMW-Werk Steyr, das seit über 40 Jahren als Diesel-Kompetenzzentrum der BMW Group fungiert. In Laufruhe und Performance lassen die beiden BMW-Aggregate nichts zu wünschen übrig.

Dank der kräftigen Antriebe kommt man im Grenadier bei Bedarf flott voran, fährt maximal 160 km/h schnell und hat mit dem 90-Liter-Tank keine Reichweitensorgen – selbst wenn mal 15 Liter und mehr pro 100 Kilometer verbrannt werden müssen.

Irgendwie schließt sich damit auch ein Kreis in der Geschichte Britisch-Deutscher Automobilkorporation, denn schließlich hat BMW auch die Motoren für die dritte Generation des Range Rover geliefert, und einige Jahre gehörte Land Rover sogar zu den Bayern.

Die BMW Sechszylinder-Motoren gelten als Meisterstücke der Ingenieurskunst. Sie sind weit verbreitet, Wartung und Ersatzteilbeschaffung stellen kein Problem dar. (Foto: ineosgrenadier.gablini.hu)

Der Grenadier in seinem Element auf dem Verschränkungsparcours

Der Grenadier und die Kraftübertragung

Schaltgetriebe oder Automatikgetriebe – unter Geländewagen-Traditionalisten wird die Frage immer wieder heiß diskutiert, beinahe schon fanatisch. Beide Systeme haben ihre Vor- und Nachteile. Schaltgetriebe sind leichter und gelten als wartungsfreundlicher. Automatikgetriebe sind komfortabler, und die Kupplung als Ursache für Defekte entfällt. Außerdem bieten Schaltautomaten Vorteile beim Fahren in tiefem Sand, sofern der thermischen Belastung ausreichend mit Kühlsystemen vorgebeugt wurde. Wenn man sich, wie im Falle des Grenadier, für nur ein Getriebesystem entscheidet, dann landet man heute eigentlich fast zwangsläufig beim ZF-Automatikgetriebe.
Daher griff Ineos auch beim Getriebe auf Komponenten zurück, die sich im BMW-Baukasten bewährt haben, nämlich die automatische Achtgang-Schaltbox vom deutschen Automobilzulieferer ZF (Benziner: ZF8HP51; Diesel: ZF8HP76), natürlich entsprechend dem neuen Verwendungszweck angepasst.
In erster Generation kam dieses Wandler-Automatgetriebe 2009 auf den Markt. Inzwischen in vierter Generation angeboten, ist es für Heck- und Allradkonzepte ebenso geeignet wie zur Kombination mit einem Mild- oder Vollhybridsystem und deckt ein Drehmomentspektrum von 220 bis 1000 Newtonmetern ab. Das sehr effizient arbeitende Achtganggetriebe – der Wirkungsgrad liegt deutlich höher als bei anderen Systemen – gehört längst schon zum Standard in der Oberklasse, bei Geländewagen und SUV. Außerdem ist es sehr leicht und wiegt inklusive Ölfüllung nicht mehr als 89 Kilogramm. Zu den Besonderheiten der ZF8HP gehört die Tatsache, dass bei vier Radsätzen nur fünf Schaltelemente verwendet werden. Und da pro Gang lediglich zwei Schaltele-

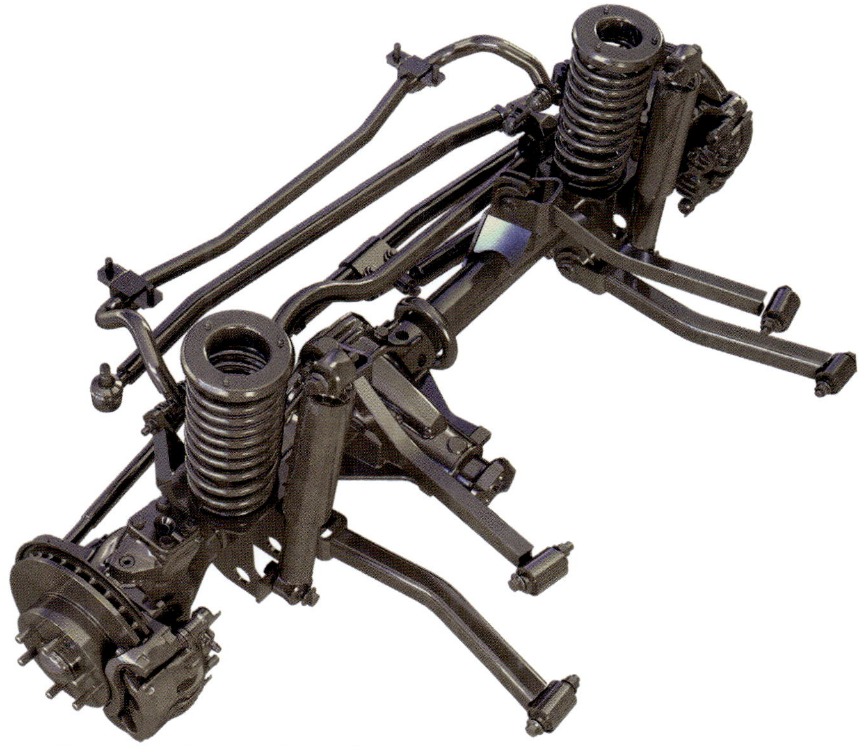

Grenadier-Vorderachse mit Längslenkern, Spur- und Lenkstange sowie Stabilisator..

Der Grenadier nutzt vorne wie hinten Starrachsen – im Gegensatz zu praktisch allen anderen Mitbewerbern in diesem Segment.

mente geöffnet sind, werden die Schleppverluste im Getriebe minimiert. Zugleich sind nur drei Lamellenkupplungen und zwei Kupplungsbremsen verbaut, was den Wirkungsgrad gegenüber anderen Konzepten deutlich erhöht. Gleichzeitig stellt eine Gesamtspreizung von 7,0 immer den optimalen Betriebspunkt des Motors sicher – für mehr Beschleunigung bei weniger Kraftstoffeinsatz.

Der Grenadier verfügt über einen permanenten Allradantrieb, die Aggregate (Motor, Getriebe, Verteilergetriebe) sitzen wie bei allen ordentlichen Geländewagen in einer sehr robusten Leiterrahmenkonstruktion. Das zweistufige Verteilergetriebe mit externer Ölkühlung und Mitteldifferenzial lässt sich sowohl bei normaler Übersetzung als auch bei aktiver Geländeuntersetzung – Untersetzungsverhältnis 2,5:1 – sperren, es kommt vom US-Antriebshersteller Tremec. Das Unternehmen hat seine Wurzeln in der Antriebstechnik für die legendären US Muscle-Cars der »Detroit Three« (GM, Ford, Chrysler) und gehört zu den nach wie vor weltweit führenden Hersteller auf diesem Gebiet. Dazu kommen, je nach Ausstattung bereits ab Werk, jeweils eine elektronisch gesteuerte Differenzialsperre an Vorder- und Hinterachse, die der Fahrer unabhängig voneinander ansteuern kann; das Bedienfeld dafür befindet sich in der Dachkonsole.

Starrachsen verschränken am besten im unebenen Gelände, deswegen wurden sie für den Grenadier gewählt.

Der Grenadier und sein Fahrwerk

Starrachsen vorne und hinten sind eigentlich nur noch im Lkw-Standard, und selbst simple Pickups haben inzwischen Einzelradaufhängung vorn. Nicht so beim Grenadier. Starrachsen waren von Anfang an Bestandteil der Grenadier-Philosophie. Sie sind in Bodenfreiheit, Verschränkungs- und Tragfähigkeit noch immer unerreicht – mal ganz abgesehen von der Tatsache, dass sie einfach aufgebaut und mühelos gewartet werden können. Und außerdem garantieren sie maximale Bodenfreiheit, beim Grenadier reden wir von 26,4 cm. Kurzum: Starrachsen sind die erste Wahl für ein solches Fahrwerkskonzept.

Der Grenadier verfügt über zwei an Längslenkern geführte Starrachsen. Alle Längs- und Querlenker sehen doppelt so stark aus wie beim Jeep und wirken wie aus dem Vollen gefräst. Das gilt auch für die Achsen. Diese stammen vom italienischen Hersteller Carraro, ein Unternehmen, das als Pkw-Zulieferer bislang kaum in Erscheinung getreten war. Das Familienunternehmen nördlich von Padua, gegründet 1932, war bis dahin vor allem als Spezialist für Landmaschinen und Traktoren bekannt. Mit dem Bau von Allrad-Traktor betrat das Unternehmen 1964 Neuland und entwickelte so clevere Lösungen, dass sich bald auch die Konkurrenz dafür interessierte. Folgerichtig bildete sich ein zweiter Produktionsschwerpunkt heraus, der nach 1973 immer wichtiger werden sollte. Nach Börsengang und Internationalisie-

Der massive Unterfahrschutz unter der Heckstoßstange schützt den Tank des Grenadier.

SOLID

SCOTTISH WHITE

MAGIC MUSHROOM

ELDORET BLUE

BRITANNIA BLUE

SELA GREEN

INKY BLACK

METALLIC

STERLING SILVER

SHALE BLUE

QUEEN'S RED

DONNY GREY

CONTRAST ROOF - PAINTED

SCOTTISH WHITE

INKY BLACK

CONTRAST LADDER FRAME - POWDER COAT

BLACK

RHINO GREY*

HALO RED*

* For each HALO Red and Rhino Grey optional ladder frame finish sold, INEOS Automotive will donate €150 to the respective organisations that inspired the naming of the colours. 'Rhino Grey' recognises INEOS Automotive's support for The Rhino Orphanage in South Africa, while 'HALO Red' celebrates the company's development partnership with The HALO Trust.

Die Grenadier-Farbpalette umfasst sechs Lackfarben und vier Metalliclacke. Das Fahrzeugdach lässt sich auf Wunsch in zwei Kontrasttönen lackieren..

Die optionalen Schwellerschutzrohre sind sinnvoll, wenn regelmäßig in felsigen Regionen gefahren wird.

Schlammfahrten sind keine große Herausforderung für den Grenadier, aber sie erfordern im Anschluss eine sehr gründliche Reinigung.

INEOS | GRENADIER

TECH SPECS CHASSIS CAB

Bis zur C-Säule entspricht der Chassis Cab dem Quartermaster. Auch die technischen Daten lassen kaum Unterschiede erkennen.

POWERTRAIN

	PETROL	DIESEL
Engine	BMW B58	BMW B57
Cylinders and Layout	6 (Straight)	6 (Straight)
Valves	24	24
Displacement [cc]	2,998	2,993
Maximum Power [Kw]	210 (4750 rpm)	183 (3250-4200 rpm)
Maximum Power [PS]	286 (4750 rpm)	249 (3250-4200 rpm)
Maximum Torque [Nm]	450 (1750-4000 rpm)	550 (1250-3000 rpm)
Transmission	ZF 8HP51	ZF 8HP76
Number of Gears (automatic)	8	8
Transfer Case Ratio	2.5:1	2.5:1
Maximum Speed [km/h]	160	160

WEIGHTS

	PETROL	DIESEL
Gross Vehicle Weight [Kg]	3,550	3,550
Kerb Weight (without driver) [Kg]	2,643	2,718
Maximum Payload [Kg]	N/A	N/A
Dynamic Roof Load [Kg]	120	120
Static Roof Load [Kg]	375	375
Maximum Unbraked Trailer Load [Kg]	750	750
Maximum Braked Trailer Load [Kg]	3,500	3,500
Maximum Trailer Nose Weight [Kg]	350	350
Gross Train Weight [Kg]	7,000	7,000

EXTERIOR DIMENSIONS

Length [mm]	5,440
Width with Mirrors [mm]	2,146
Width without Mirrors [mm]	1,943
Vehicle Height [mm]*	2,019
Track Width [mm]	1,645
Front Overhang [mm]	847
Rear Overhang [mm]	1,328
Wheelbase [mm]	3,227

OFF-ROAD GEOMETRY*

Ground Clearance [mm]	264
Approach Angle [°]	35.5/36.2
Ramp Breakover Angle [°]	26.2
Departure Angle [°]	22.6
Gradeability [°]	45
Wading Depth [mm]	800
Front Axle Articulation [°]	9
Rear Axle Articulation [°]	12
Wheel Travel [mm]**	585

Die innenbelüfteten Brembo-Scheibenbremsen sorgen für gute Verzögerungswerte – oft eine Schwachstelle bei den Fahrzeugen der Konkurrenz

rung mit Werken in Indien, China, Brasilien und Argentinien ergab sich eine immer engere Zusammenarbeit mit allen großen Traktorherstellern, von CNH über Agco und Same Deutz-Fahr bis hin zu Mahindra: Carraro entwickelte sich zum international agierenden Zulieferer für die Landwirtschaft und fertigte nun im Auftrag von Branchengrößen wie John Deere, Massey Ferguson, Claas oder Valtra Spezialschlepper in der Leistungsklasse von 65 bis 110 PS-Traktoren. Und jetzt also Achsen für den Grenadier, auch diese wie schon bei manchen Traktormodellen praktiziert, mit Komponenten von Dana versehen. Dazu Dirk Heilmann, erster CEO von INEOS Automotive im Statement: »Die Berufung der Carraro-Gruppe bekräftigt unser Engagement dahingehend, die weltbesten Zulieferer für unser Projekt zu gewinnen, um einen ultimativ pragmatischen Offroader zu entwickeln. Carraro bietet einen ungeheuren Erfahrungsreichtum in der Konstruktion robuster Produkte. Aus diesem Grund stellen sie eine perfekte Ergänzung für den Entwurf unseres kompromisslosen Geländewagens Grenadier dar.« Der neu gewonnene Achsenlieferant gab die Komplimente gerne zurück: »Die Übereinkunft mit INEOS unterstreicht unsere Absicht, im Geländewagen-Sektor zu wachsen«, so Enrico Carraro, Vorsitzender der Carraro-Gruppe. »Ein Teil des Grenadier-Projekts zu sein, erlaubt es uns, unsere Produktpalette für einen für uns neuen Marktsektor mit großem Zukunftspotenzial zu öffnen.« Der Kontakt zum Grenadier-Projekt ergab sich übrigens über Magna.

Für den Grenadier sind optional auch Portalachsen von LeTech mit Werksgarantie erhältlich. Mit den Achsportalen ausgerüstet verfügt der Grenadier wegen der dann verbauten 37-Zoll-Räder über extreme Geländeeigenschaften. Die Portalachsfahrzeuge verfügen also über deutlich mehr Bodenfreiheit, deutlich steilere Böschungswinkel und viel höhere Watfähigkeit.

Ein echter Offroader muss eine ganze Menge aushalten. Deshalb bekam der Grenadier eine Aufhängung, die so tough ist wie das Gelände, für das er gebaut wurde. Ein einfaches System aus getrennten Federn und Stoßdämpfern. Eines, das dafür gemacht ist, alles auszuhalten. Es gibt schlicht weniger, das kaputtgehen kann – und falls doch, kann es einfach vor Ort repariert werden. Der Grenadier verfügt über vier Schraubfedern von Eibach, die von vier Bilstein-Stoßdämpfern im Zaum gehalten werden. Dabei ist die Geländegängigkeit im Lastenheft des Grenadier absolut entscheidend. Wo der Asphalt endet, fängt die Welt des Grenadier eigentlich erst an. Von den langen Federwegen, die die Fahrqualität im Off Road-Einsatz verbessern, bis zum Panhardstab, der die Achse bändigt und damit für ein berechenbares Handling sorgt.

Das »Rückgrat« des Grenadier, sein massiver Leiterrahmen aus Stahl.

Bereifung

Der Grenadier rollt auf Bridgestone oder BF Goodrich All-Terrain T/A KO2-Geländegummis im Format 265/70 R 17, die auf mit sechs Radbolzen pro Achse festgeschraubten Stahl- oder Alurädern montiert sind. Mit dieser Reifenwahl hat Ineos auch ein Statement hinsichtlich der Geländefähigkeit des Fahrzeugs gesetzt. Die servounterstützte Lenkung des Grenadier ist eine robuste Kugelumlauflenkung die ideal in unwegsamen Gelände funktioniert.
Zusammen mit standfesten Brembo-Scheibenbremsen (vorne innenbelüftet) ermöglichen sie maximale Fahrstabilität in allen Situationen. Selbstverständlich verfügt der Grenadier über ABS und ESP.

Der Grenadier und sein Rückgrat

Ein echter Offroader, der selbst in unwegsamstem Gelände bestehen soll, braucht einen stabilen Leiterrahmen. »Warum sollten wir also etwas anderes wählen?«, so Projektleiter Heilmann, und: »Ein Leiterrahmen ist die beste Wahl für maximale Steifigkeit ergänzt Chefingenieur Andreas Albrecht, zuständig für die Fahrzeugintegration.
Der Rahmen aus Kastenprofilen besteht aus hochfestem, bis zu vier Millimetern dickem Stahl; die Torsionsfestigkeit ist beeindruckend und hält auch unter Last hohem Spannungsniveau stand.
Das Chassis des Grenadier ist durch eine kathodische Tauchlackierung (elektrochemisches Beschichtungsverfahren; zwölf Jahre Garantie gegen Durchrostung des Leiterrahmens) besonders gut geschützt.

Rechts: Blick auf den gesamten Antriebsstrang, Hambach, November 2023. Die rote Rahmenfarbe heißt »HALO Red« und ist aufpreispflichtig, der Käufer unterstützt damit eine Hilfsorganisation.

Kapitel 3: Die Grenadier-Familie

Die Serienmodelle

Basismodell ist bekanntlich der Grenadier als Station Wagon, der Geländewagen im Defender-Stil. Dieser ist 4,90 Meter lang, 1,93 Meter breit (mit Spiegel kommt er auf 214,6 cm) und 2,04 Meter hoch. Ihn gibt es als fünfsitzigen »Station Wagon« mit Pkw-Zulassung. Vorgestellt wurde der Grenadier der Öffentlichkeit offiziell inklusive eines PR-Videos am 30. Juni 2020. Bestellen konnte man den Grenadier ab Mai 2022. Die Produktion in Hambach startete am 18. Oktober 2022 und im Dezember des gleichen Jahres bekamen die ersten Kunden ihre Fahrzeuge.

»Mit der BMW-Gruppe zusammenzuarbeiten ist ein großer Schritt vorwärts in Richtung unserer Vision, einen kompromisslosen, technisch vollkommenen Offroader zu bauen«, erklärte Dirk Heilmann.

Der Utility Wagon

Der gleichgroße Utility Wagon ist als Nutzfahrzeug zugelassen und in einer fünf- oder zweisitzigen Ausführung erhältlich. Damit ist er in vielen Ländern steuerbegünstigt. Die zweisitzige Version hat einen durchgängig flachen Laderaumboden und Platz für eine Norm-Palette. Die hinteren Seitenfenster sind verblecht.

Der Quartermaster

Beim legendären Goodwood Festival of Speed in Südengland fuhr der verlängerte Grenadier mit Ladefläche im Sommer 2023 erstmals vor, gleichzeitig wurden die Bestellbücher geöffnet. Denn dass Ineos den Grenadier auch als Pickup bringen würde, war schon bei der Präsentation des Station Wagon bekannt gegeben worden. Und auch dafür gibt es ein Vorbild im Land-Rover-Kosmos: Beim Defender gab es neben den geschlossenen Standard-Varianten mit dem Land Rover 130 einen Pickup mit verlängertem Radstand. Der Quartermaster stößt damit in die Lücke der hochgeländegängigen Midsize-Pickups und hat in Europa lediglich den Jeep Gladiator als Konkurrenten.

Der verlängerte Radstand zeigt sich an der Karosserie: Während der Hinterachs-Radausschnitt beim Grenadier Station Wagon bis in die hinteren Türausschnitte reicht, liegt er beim Quartermaster Pickup deutlich dahinter. Der Radstand wächst beim Quartermaster um

Der zweisitzige Grenadier Utility Wagon ist vor allem auf den Transport von Ladung ausgelegt und als Nutzfahrzeug zulassungsfähig.

Der verblechte Laderaum bietet Platz für eine Euro-Palette. Hinter den Sitzen befindet sich ein durchgängiges Gepäckgitter.

genau 35 Zentimeter, von 2.922 Millimeter beim Station Wagon auf 3.272 Millimeter. Noch stärker legt er in der Gesamtlänge zu. Während der geschlossene Fünftürer-Grenadier mit 4,89 Meter Länge noch vergleichsweise kompakt ausfällt, wächst der Quartermaster Pickup auf stattliche 5,44 Meter. Bis zur B-Säule ist der Quartermaster identisch mit dem geschlossenen Station Wagon, so sind die Sitzverhältnisse vorn und das Cockpit mit den zahlreichen Schaltern im Flugzeug-Style die gleichen. Der Antrieb bleibt unverändert: 3,0-Liter-Turbo-Sechszylinder Benzin- und Dieselmotoren von BMW, 8-Gang ZF-Getriebe, Tremec-Verteilergetriebe, Zentraldifferentialsperre und Carraro-Achsen.
Die zusätzliche Außenlänge geht ähnlich wie beim Land Rover 130 auf das Konto des verlängerten Hecküberhangs, um die Ladefläche auf die klassenüblichen Maße zu bringen. Das Reserverad trägt das Serienmodell stehend seitlich auf der Ladefläche, genau wie damals der Land Rover 130. Dieses raumgreifende Manko gegenüber der Montage unter dem Ladebett, wie sie bei den meist japanischen Pickups üblich ist, haben die Entwickler von Grenadier mit einem kleinen Trick entschärft: Die Radhäuser der Quartermaster haben in diesem Bereich eine Einbuchtung. In die Ladefläche ist eine Mulde eingelassen, das Ersatzrad nimmt damit weniger Platz auf der Ladefläche weg. Das Ladebett verfügt über vier Verzurrösen (optional sind Schienen erhältlich), eine 400-Watt-Steckdose, einen integrierten Überrollbügel und eine 1.280 mm breite Heckklappe.

Der erste Grenadier Pickup »Quartermaster« lief im Werk Hambach im Sommer 2023 vom Band. Der Pickup soll weitere neue Märkte für Ineos eröffnen. Wie den Station Wagon gibt es ihn als Basismodell ohne weitere Zusatzbezeichnung, als Trialmaster Edition und als Fieldmaster Edition. Kompromisslos geländegängig sind sie alle drei.

Schön zu sehen, wenn auch etwas ungewöhnlich: die Unterbringung des Reserverads auf der Pritsche.

Wie der Grenadier kann der Quartermaster mit einer großen Menge an Zubehör ab Werk ausgestattet werden, etwa mit Plane und Spriegel.

Die ersten serienmäßig produzierten Ineos Grenadier Quartermaster für Nordamerika verließen am 27. Januar 2025 das Band von Ineos Automotive im französischen Hambach. Hier fährt er in »Scottish White« vor.

Seit Dezember 2024 gibt es den Quartermaster auch als zweisitzige Variante, zunächst für Frankreich, die Benelux-Staaten und Irland.

Der Verzicht auf die zweite Sitzreihe verhilft dem Pickup zu zusätzlichen 850 Litern Laderaum.

Auf der Quartermaster-Pritsche lässt sich problemlos eine Standard-Europalette verstauen. Die Ladeflächenlänge ist 1.564 Millimeter, die Ladeflächen Breite ist 1.619 Millimeter. Falls das nicht genügt, kann die nach unten zu öffnende Heckklappe als Ladeflächenverlängerung genutzt werden. Sie verträgt laut Hersteller bis zu 225 Kilo Belastung. Das Leergewicht liegt wie beim fünftürigen Station Wagon bei 2.665 Kilogramm für den Benziner und bei 2.740 Kilogramm bei den Ausführungen mit Dieselmotor, das zulässige Gesamtgewicht liegt in beiden Fällen bei 3,5 Tonnen. Entsprechend gestaltet sich die Zuladung je nach Motor zwischen 760 und 835 Kilo. Auch die Anhängelast hat sich gegenüber dem Station Wagon nicht geändert, sie liegt unverändert bei 3,5 Tonnen.

Für die Ladefläche bietet der Hersteller ab Werk einen Plane/Spriegel-Aufbau und ein abschließbares Rollcover als Werkszu-

Der Ineos als »Chassis Cab« mit einem typisch australischen Heckpritschenanbau.

behör an, außerdem einen angepassten Dachgepäckträger mit verschiedenen Haltern für Zubehör und Equipment.
Der bei Pickups übliche üppige Wendekreis (14,5 Meter) und die unnachgiebige Kugelumlauf-Lenkung disqualifizieren den Quartermaster für den Stadtverkehr. Doch der Fahrkomfort im Quartermaster ist auf der Straße überraschend hoch, auch wenn er nicht dafür gebaut wurde. Kanaldeckel, Schlaglöcher und Bodenwellen meistert das Fahrwerk sehr souverän und ohne unangenehme Stöße. Bei sehr starken Wellen ist nur ein leichtes Nachwippen im Heck zu verspüren. Zudem ist der Quartermaster im Innenraum sehr leise für die Fahrzeugkategorie Arbeitstier. Die Sitze in der zweiten Reihe sind so, wie man es von einer Doppelkabine erwartet, und bieten Platz für Kinder und Erwachsene, die besser nicht groß sind. Mit einer Körpergröße von 1,95 Metern ist der Einstieg eher mühsam.
Doch so richtig wohl fühlt sich der Pickup erst im Gelände; denn er fährt mit einer Technik vor, die in heutigen SUV-Zeiten auch im Pickup-Segment praktisch konkurrenzlos ist. Denn die zwei Starrachsen verschränken großartig. In der Geländeuntersetzung lässt sich der Quartermaster präzise und mit hohen Kraftreserven auch durch schweres Gelände bewegen. Aber auch hier ist der große Wendekreis ein behinderndes Thema, offenes Gelände ist dem langen Pickup lieber als enge Strecken durch den Wald. Die sehr gute Übersichtlichkeit des Fahrzeugs, dank derer sich die Ecken und Enden des Fahrzeugs gut einschätzen lassen, ist im Gelände von unschätzbarem Vorteil.

Der Cassis Cab

Der Ineos Quartermaster Chassis Cab hingegen, vorgestellt im Frühjahr 2024, rollt ohne Ladebett vor. Der Aufbau umfasst lediglich Vorderwagen samt Doppelkabine, der Rest des Rahmens liegt frei. Hier sollen sich Aufbaufirmen und private Hobbyaufbauer mit Individualaufbauten verwirklichen, zum Beispiel mit einer großen Kommunal-Pritsche, einem Kofferaufbau oder auch einer Wohnkabine. Wie Justin Hocevar, Regional Director APAC bei INEOS Automotive, bei der Vorstellung des Kajiu sagte: »Das Quartermaster Cab Chassis ist eine ‚leere Leinwand', die große Flexibilität bei der Individualisierung bietet«. Anders als in Australien hat Ineos in Europa noch kein eigenes Fahrzeug mit Wohnkabine vorgestellt, denn die Realisierung innerhalb der 3,5 Tonnengrenze ist eine echte Herausforderung, zumal die Gewichtsersparnis des Chassis Cab gegenüber dem Quartermaster nicht hoch ist: Lediglich 22 Kilo weniger stehen beim Leergewicht in der Datentabelle.

Mit dem fein ausstaffierten »1924« erweist Grenadier der Bekleidungsmarke »Belstaff« seine Referenz. Technische Unterschiede zu den anderen Modellen gibt es keine, aber viele Embleme, schön verarbeitetes Leder und feine Applikationen.

Der »Detour« (hier in »Squall Green«) ist das erste Sondermodell der werkseigenen Edelschmiede »Acane Works«.

Die Sondermodelle

Im Mai 2024 präsentierte Ineos das limitierte Sondermodell »1924«. Es entstand in Zusammenarbeit mit dem britischen Bekleidungsunternehmen Belstaff (das ebenfalls zum Ratcliffe-Imperium gehört) und wurde anlässlich dessen 100-jährigen Jubiläums aufgelegt. 1924 Exemplare sollen entstehen. Spezielle Alufelgen, schwarzes Sattelleder, schwarzer Himmel und eine dunkelgrüne Innenverkleidung der Türen gehören zum 1924 Designpaket.

Ein weiteres Sondermodell ist der »Detour« (könnte man mit Excursion übersetzen), das im Juli 2024 auf dem Goodwood Festival of Speed vorgestellt wurde. Es sollen 200 Exemplare gebaut werden. Alufelgen, Lederausstattung und Soundsystem

GRENADIER 1924 LIMITED EDITION

INTERIOR FEATURES*

- Unique Limited Edition Badging
- Black Saddle Leather Driver's Pack
- Dark Green Interior Finish
- Dark Headliner
- Heated Front Seats
- Carpet Floor Mats
- Compass with Altimeter
- Premium Sound System
- Interior Utility Rails
- Tailgate Table

Smooth Pack:

- Park Assist Front (PDC)
- Heated Windscreen Washer Jets
- Central Stowage Box
- Puddle Lamps and Ambient Door Lighting
- Auxiliary Charge Points
- Advanced Anti-Theft Alarm & Immobiliser

***In addition to Grenadier Standard Equipment.**

Den Elektro-Geländewagen wollte Ratcliffe 2026 als Serienfahrzeug vorstellen und ab 2027 bei Magna in Graz bauen lassen.

sind u.A. Bestandteile des Detour-Pakets, das in der neu gegründeten Spezialitäten-Abteilung »Arcane Works« aufgebaut wird. Typisch für den Detour – zu haben in den Farben Magma Red, Whiteout Blue, Squall Green und Storm Force Silver – sind die 18-Zoll-Schmiederäder, der Kühlergrill mit silbernen Zierelementen, spezielle Scheinwerfereinfassungen und Farbakzente an Unterfahrschutz, die Dachreling und die Heckleiter. Auch innen gibt es viel Feines zu entdecken, etwa gesteppte Ledersitzbezüge – oder die von einem britischen Juwelier gestalteten Arcane Works-Embleme.

Studien und Einzelstücke

Ineos versucht immer wieder, mit entsprechenden Studien und Prototypen für Schlagzeilen zu sorgen. Obwohl die Marke noch nicht lange existiert, wurden doch schon einige überaus interessante Fahrzeuge präsentiert.

Der Fusilier als kleiner Bruder des Grenadier beantwortet eine Frage, die keiner gestellt hat. Das Werk nimmt aber Vorbestellungen entgegen.

Grenadier »Shortermaster« Konzept, vorgestellt 2024 in Goodwood. Er stellt eine Kombination aus der Kompaktheit des Grenadier und der Ladekapazität des Quartermaster dar. Eine Serienfertigung ist nicht in Sicht.

Fusilier

Der in 2022 angekündigte und im Februar 2024 gezeigte rein batterieelektrische kleine Grenadier mit kurzem Radstand war ursprünglich fest eingeplant. Doch das Projekt wurde nur wenige Monate nach seiner Premiere – natürlich stand auch hier wieder ein Londoner Pub bei der Namensgebung Pate – schon Anfang Juli 2024 vorläufig begraben. Ein rein elektrischer Geländewagen lässt sich nicht wirtschaftlich produzieren und verkaufen. Deswegen hat man aus wirtschaftlichen Gründen das Projekt beendet.

Shortermaster

Der Shortermaster, zu sehen in Goodwood 2024 – ein Pickup auf normalem Grenadier-Rahmen mit 2922 Millimetern – war eine Fingerübung der Ineos-Mannschaft in Hambach. Um die Ladefläche unterbringen zu können, wurde die Doppelkabine verkürzt; darunter litt der Fußraum für die Beifahrer: Gar so komfortabel wie im Quartermaster saß es sich in der zweiten Reihe nun nicht mehr.

Grenadier V8

Wenig Chancen auf Serienbau hat der Ineos Grenadier V8. Unter der Grenadier-Haube schlägt hier kein Dreiliter-Sechszylinder aus dem Haus BMW, sondern ein mehr als doppelt so großer V8 aus dem Hause GM. Der Einbau des amerikanischen Smallblock-Triebwerks mit 431 PS und 625 Nm Maximaldrehmoment erforderte aber erhebliche Eingriffe in den Maschinenraum, etwa bei den Motor- und Getriebelagern, der Motorsteuerung, der Wasser- und Ölkühlung sowie der Abgasanlage – jetzt mit vier Rohren –, um nur einige Punkte zu nennen. Der Ineos-V8 wurde, anders als der Shortermaster, nicht in Hambach gebaut, sondern bei Magna Steyr, er diente als Übungs- und Ausbildungsprojekt für einen Teil der rund 200 Auszubildenden im österreichischen Vorzeigekonzern. Ganz ohne Folgen blieb das Musterstück aber nicht: Falls genügend Nachfrage nach einem V8-Grenadier bestünde, so war zu erfahren, könnte ein solcher relativ rasch in eine Serienfertigung überführt werden, dann aber eher mit BMW-V8, nicht mit Chevrolet-Power.

Grenadier W2RC

Ebenfalls beim Heimspiel in Goodwood 2024 zu sehen war der Ral-lye-Grenadier, aufgebaut nach den Regeln der Rennsportbehörde FIA für die World Rally-Raid Championship, zu der auch die Rallye

Ein Grenadier V8? Diese Studie mit Chevy V8 wurde 2024 in Goodwood präsentiert. Eine entsprechende Nachfrage vorausgesetzt, kann dieser schnell in eine Serienfertigung überführt werden, dann aber mit BMW-V8.

Der Rallye-Grenadier wurde als Studie ebenfalls 2024 in Goodwood gezeigt.

Ineos hat den afrikanischen Spezialfahrzeughersteller Kavango übernommen. Das Unternehmen fertigt vor allem Fahrzeuge für Geländesafaris, bislang vor allem auf Toyota-Basis. Der Ineos ist aber ein mehr als angemessener Ersatz.

Dakar gehört. Neben dem für Langstreckenrallyes üblichen Umbauten wie dem gestrippten Innenraum, dem Überrollkäfig, den Schalensitzen, den Änderungen am Fahrwerk und weiteren obligatorischen Modifikationen wie einer verbesserten Belüftung (im Grenadier-Fall handelt es sich um Dachlüftungsschlitze aus Carbon) wurde die Leistung des Dreiliter-BMW-Motors von 286 PS und 450 Nm auf 354 PS und 550 Nm angehoben. Der Umbau erfolgte beim britischen Offroad-Spezialisten Buzz Special Vehicles, der normalerweise auf Jeep-Umrüstungen abonniert ist.

Safari Grenadier

Durchaus Chancen auf eine Serienfertigung hat der achtsitzige Ineos Safari Grenadier, denn 2023 übernahm Ineos den in Botswana

ansässigen Sonderfahrzeugbauer Kavango Engineering. Dieser Spezialist für Fahrzeugumrüstungen ist im südlichen Afrika eine der ersten Adressen für professionellen Sonderfahrzeugbau. Die 70-köpfige Belegschaft führt rund 200 Umrüstungen pro Jahr durch; diese Spezialumbauten, bislang meist auf Toyota-Basis, kommen vor allem bei der Safari- und Tourismusindustrie zum Einsatz. Basis bildet der Grenadier und nicht etwa der Quartermaster, der seines Daches beraubt wurde – was den kompliziertesten Teil des Umbaus darstellt, denn die in der Dachkonsole untergebrachten Schalter und Anzeigen müssen in die Mittelkonsole verlegt werden. Der Rest des Umbaus ist Standard: Höherlegung, umlaufende Schutzbügel, drei versetzt angeordnete Sitzreihen, umklappbare Windschutzscheibe und Segeltuchverdeck zum Schutz gegen die sengende Sonne.

Wunderschön und stimmig. Der Ineos Grenadier Cassis Cab als »Highend«-Overlander. Voll ausgestat tet mit dem Besten, das die australische Offroad-Szene zu bieten hat, wurde der »Kaiju Quartermaster« vorgestellt und dann auf eine mehrmonatige Promotion-Tour durch Australien geschickt.

Kaiju Quartermaster

Zu Promotionzwecken für den Marktstart in Australien entstand Ende 2024 auf Basis des Chassis Cab der »Kaiju Quartermaster«, ein Einzelstück mit allen Features, die im Mutterland der Outback-Camper mit einigen der innovativsten und renommiertesten Zubehörlieferanten Australiens aufgebaut wurden. Zur Ausstattung des Sondermodells gehören 40-Liter-Wassertank ebenso wie ein 130-Liter-Kühlschrank, Zusatz-Kraftstofftanks mit insgesamt 168 Litern zusätzlich zum serienmäßigen 90-Liter-Tank. Elektronikkomponenten wie Wechselrichter, eine zusätzliche 150A Lithiumbatterie und ein Batteriemanagementsystem sind weitere Ausstattungshighlights, um netzunabhängig operieren zu können. Zu den Zubehörposten gehören Sandbleche und Bergegerät von Maxtrax, Fahrwerkskomponenten von Landcruiser-Spezialisten JMACX und weitere Besonderheiten.

Grenadier Hydrogen Fuel Cell

Auf dem Goodwood Festival of Speed zeigte Ineos im Juli 2023 erstmals ein Versuchsfahrzeug mit Brennstoffzellentechnik.
Bei diesem H2-Versuchsträger hat Ineos die Technik des BMW iX5 Hydrogen in Teilen übernommen, wobei es zu den technischen Details zur Präsentation keine Information gab. Bei BMW bringt es der aus Pufferbatterie und Brennstoffzelle gespeiste Elektroantrieb auf eine Leistung von maximal 295 kW, das dürfte auch für den schweren Geländewagen Grenadier ausreichen. Der Wasserstoff-Brennstoffzellen-Grenadier wurde als 4x4-Fahrzeug angekündigt, das auch auf dem Versuchsgelände in Graz seine Allrad-Kompetenz hatte unter Beweis stellen müssen. Das Fazit: »Es ist ein außergewöhnliches Fahrzeug«, sagte Lynn Calder, CEO INEOS Automotive. »Es kann alles tun, was ein konventionell angetriebener Grenadier auch schafft, aber ohne Emissionen.« Eine Serienfertigung des Wasserstoff-Grenadier ist in näherer Zukunft jedoch unwahrscheinlich, soll aber die Entschlossenheit des Chemieriesen – der 2015 auch in den Gas- und Energiemarkt einstieg – unterstreichen, den Emissionsausstoß bis 2045 auf Netto-Null zu senken. Inzwischen produziert das Unternehmen um die 400.000 Tonnen Wasserstoff pro Jahr.

INEOS hat einen wasserstoffbetriebenen 4x4 gebaut, um sein Engagement für ein klimaneutrales Wirtschaften zu unterstreichen. Die Entwicklungsarbeiten daran begannen im Sommer 2022, gut ein Jahr vor Premiere der Studie in Goodwood. Erste Bilder indessen wurden schon im Oktober 2021 veröffentlicht, wobei nicht ganz klar ist, ob der gezeigte zweifarbige Grenadier schon fahrbereit war.
Ursprünglich wollte Ineos für den Brennstoffzellen-Demonstrator Technik von Hyundai übernehmen, entsprechende Absichtserklärungen hatte man im November 2020 unterzeichnet. Die Zusammenarbeit mit den Koreanern wurde aber im Februar 2023 beendet. Das bedeutete allerdings nicht das Ende für das Projekt eines Grenadier, der lediglich Wasserdampf ausstieß: Die Goodwood-Studie – schwarzes Fahrzeug, Ausbuchtung auf der Motorhaube – hatte nun eine BMW-Brennstoffzelle und, anders als der X5, Allradantrieb. Der Mutterkonzern erzeugt bereits jetzt in großem Umfang Wasserstoff.

Kapitel 4:
Die Käufer, die Interessenten und der Markt

Der Markt für »richtige« Geländewagen ist, wie angesprochen, überschaubar geworden. Für das Anforderungsprofil der allermeisten Kunden genügt ein bequemeres SUV, nicht aber für die ambitionierte 4x4-Szene, für die ein Offroader nicht puristisch und geländegängig genug sein kann. Doch diese Klientel ist eine kleine Minderheit. Eine Minderheit, die bei Weitem nicht ausreicht, um einen Automobilhersteller mit nur einem Grundmodell am Leben zu erhalten. Daher muss Ineos auch weitere, zahlungskräftige Kundengruppen erreichen.

Ein gelungener Spagat

Mit dem Grenadier hat Ineos Automotive zweifellos einen echten Geländewagen neu auf den Markt gebracht. Das allein ist eine beachtliche Leistung, denn die meisten Autohersteller trauen sich das heute nicht mehr. Bekanntlich stehen selbst beim Defender nun Luxus und Komfort im Vordergrund, nicht, wie beim Grenadier, Robustheit und Funktionalität. Daher wartete die Offroad-Szene von Anfang an mit neugieriger Skepsis auf den Defender-Nachfolger. In deren Augen mag das größte Manko des Grenadier sein, dass er trotz aller Ähnlichkeiten eben kein Land Rover Defender ist. Dabei hat Ineos bei der Konzeption ja schon vieles richtig gemacht und zunächst einmal sich in der 4×4-Szene umgehört, Meinungen eingeholt, Wünsche notiert, und, vor allem, die Anregungen auch berücksichtigt. Das hat dem Grenadier und seinen Schöpfern viele Pluspunkte eingebracht; die Allrad-Fraktion begegnet dem Geländewagen mit großer Sympathie. Sie weiß sehr gut einzuschätzen,

Auf dem Messestand in Goodwood waren die Offroad-Ikonen, in deren Fußstapfen der Grenadier trat, zumindest in Form von Schrifttafeln präsent.

S-EA 1454
Jeep
LAND-ROVER
RHP 175R
V8

wie viel Zeit, Geld und Mühe es gekostet hat, ein solches Projekt, das dem vermeidlichen Zeitgeist trotzt, gegen alle Widerstände zu realisieren. Doch es gibt auch Kritik. Die wichtigste wurde schon genannt: Sein optisches Konzept wirkt aus der Zeit gefallen, er sieht sehr nach Defender aus, und bei der geteilten Hecktür über die ganze Breite hat man sich wohl vom Land Cruiser J7 inspirieren lassen.

Ein Auto für extreme Individualisten

Doch der Grenadier war ursprünglich als Auto für Handwerker und Naturburschen gedacht. Spartanisch, reduziert, um jedem harten Job gewachsen zu sein. Nicht mal eine Funkfernbedienung oder Zentralverriegelung sollte er ursprünglich bekommen. Ein Auto für Farmer, die abseits gebahnter Pfade Heu verladen müssen. Ein Angebot für die Familie auf Island, die mühevoll ihren Lebensunterhalt der kargen Landschaft abringt und dabei kaum mit glatten Straßen rechnen kann. Also irgendwie eine Mischung aus Klischee vom alten Defender und der Realität des neuen Toyota Hilux.

Doch dieser Ansatz setzt voraus, dass das Fahrzeug nicht nur einen hohen Nutzwert und hervorragende Geländeeigenschaften aufweist, sondern auch erschwinglich ist. Und hier scheitert die Werbung an der Realität: Gewiss, wie in den schönen Marketing-Videos gezeigt, ist der Grenadier ein Nutzfahrzeug, das jegliche Lasten in die abgelegensten Gebiete transportieren kann. Ein Auto, das den Wünschen derjenigen, die richtig anpacken müssen, wie auf den Leib geschneidert scheint und richtig zuladen kann. Doch der Grenadier kommt in der leichtesten Ausführung mit 2.629 kg Leergewicht auf eine maximale Zuladung von 871 kg, ohne Fahrer / Beifahrer und bei zu 90 % gefülltem Tank. Realistisch bleiben dann am Ende +/- 750 kg übrig. Das ist für ein SUV recht ordentlich, für ein Nutzfahrzeug aber eher wenig. Hervorragend ist der Wert für die Stützlast, er liegt bei 350 Kilogramm, und das Gesamtzuggewicht liegt bei sieben Tonnen. Er ist also als Zugfahrzeug ausgelegt und hat ausgezeichnete Anlagen dafür. Auch mit einem voll beladenen 3,5-t-Anhänger hat der 2,7 t schwere Grenadier keine Probleme und fährt tatsächlich viel besser und sicherer als ein leichterer Wagen, sei es SUV oder Pickup

Doch wegen der Qualitätsansprüche einerseits und den anvisierten

Kompromisslose Offroader und zugleich auch die Inspirationsquelle für den Grenadier: Mercedes G-Klasse, (o.l.), Jeep CL (o.m), Land Cruiser Station (o.r.) sowie, natürlich, der Land Rover, der als Defender Serie III bis 2016 gebaut wurde. Sein Ende markiert den Anfang des Ineos-Projekts. (Fotos: Hersteller)

Alles nur geklaut? Ineos hat eine Lösung für die Hecktüren gefunden, die an die des Land Cruiser (links) erinnert.

Das Gestühl bezog Ineos von Recaro. Die Pleite des Sitzherstellers 2024 sorgte ab September für einen wochenlangen Produktionsstillstand. Im Januar 2025 liefen die Bänder im Hambach wieder an.

Da passt was rein: Das Kofferraumvolumen liegt, bei umgeklappten Rücksitzlehnen und deckenhoher Beladung, bei stolzen 2088 Litern.

Stückzahlen sowie den Zulassungsvorschriften andererseits lässt sich ein solches Multitool nicht kostengünstig herstellen; es ist kein Wunder, dass die Preisliste bei deutlich über 80.000 Euro beginnt beziehungsweise beginnen musste. Doch welcher dieser hart arbeitenden Förster und Farmer kann und will tatsächlich diese Summe ausgeben, um damit Futter auf die Äcker zu fahren und das kranke Kalb oder das tote Wildschwein einzusammeln? Ist es nicht viel mehr so, dass der Kunde, der viel Geld für seinen Grenadier hinlegt, dann nicht auch etwas mehr Luxus, Komfort und Ausstattung erwartet? Ein aufgerissener Zementsack hinterlässt überall aggressiven Staub, der die schönsten Polster ruinieren kann ... Bei einem günstigeren Arbeitsgerät ist das tolerierbar, bei einem edlen Geländewagen nicht.

Die grauschwarzen Lederbezüge sind beim Fieldmaster Edition serienmäßig, ansonsten kosten sie 2300 Euro Aufpreis.

Emotionen als Verkaufshilfe

Ob die sehr guten Geländefähigkeiten des Grenadier in diesem Preissegment überhaupt in Gänze und in aller Härte ausgelotet werden, dürfte bei der Kaufentscheidung daher kaum eine Rolle spielen. Der Zielgruppe genügt zu wissen, dass der Grenadier überragende Geländeeigenschaften hat, und das verleiht den Käufern die beruhigende Sicherheit, notfalls auf diese zurückgreifen zu können. Diese Gewissheit schätzen auch Farmer oder Handwerker. Doch sie haben in erster Linie einen Job zu erledigen und müssen scharf rechnen. Daher tendieren diese aus Budgetgründen zu leichteren Pickups. Die sind vielleicht nicht so hochgeländegängig wie ein Grenadier oder ein Quartermaster, können aber auf schlechteren Pisten und Feldwegen durchaus mithalten.

Wichtiger für das Unternehmen als der mitteleuropäische Förster, der lange über Asphalt fahren muss, um schließlich auf die Schotterwege zu seinem Revier zu gelangen, ist die Aufnahme in den

Der Quartermaster – hier in der Motorworld München am 3. September 2023 – ist mit seinen stattlichen Abmessungen nicht ganz alltagstauglich, wenn es öfter mal in die Stadt gehen soll. (Foto: Alexander-93, CC-BY-SA 4.0)

Im Rahmen der IAA 2023 konnten sich Geländewagen-Fans selbst ein Bild von den Qualitäten des Grenadier machen. Die Vorführungen fanden auf dem Freigelände der Motorworld München im Stadtteil Freimann statt. (Foto: Alexander-93, CC-BY-SA 4.0)

beiden wichtigsten Absatzmärkten USA und Australien. Dort finden sich noch endlos langen Pisten und schlechte Wege, die befahren werden müssen. Weil auch diese Kunden sich im Grenadier wohl fühlen sollen, waren schon allein aus diesem Grund »Marktanpassungen« am Konzept notwendig. Das heißt: Die Ausstattungsumfänge wuchsen. Der europäische Enthusiast hätte es sicher gerne etwas simpler und dafür gerne etwas günstiger gehabt, aber von seiner »Gattung« gibt es leider nicht genug Käufer.

Fahrzeuge verkaufen sich sehr stark über Emotionen. Der Ineos Grenadier ist ein teures Auto, in dem in der Werbung Schafe verladen werden und das von Bergsteigern durch den Schlamm gejagt wird. Doch in der Wirklichkeit wird er, wie auch die günstigeren Mitbewerber, hauptsächlich dazu verwendet werden, um die Kinder in die Schule zu bringen und zum Supermarkt zu fahren. Wer davon träumt, mit dem Grenadier in der Serengeti in den Sonnenuntergang zu fahren, wird auch auf dem Weg zur Schule mit ihm glücklich sein. Denn diesen Job erledigt er ebenso gut.

Wie groß ist der Markt für richtige Geländewagen?

Ist überhaupt Platz für einen zusätzlichen Bewerber auf dem Markt? Diese Frage ist leicht beantwortet, wie die Verkaufscharts beweisen: Land Rover verkaufte zuletzt etwas über 20.000 Ur-Defender pro Jahr. Die Studie aus der Zeit, als Ineos noch plante, den behutsam modernisierten Defender in Lizenz weiterzubauen, sah auf jeden Fall dieses Potenzial. Und das war keineswegs überoptimistisch, denn die G-Klasse-Produktion überschritt 2016 zum erst Mal die Marke von 20.000 Einheiten im Jahr. Und die neue G-Klasse (W463A und W465) ist da noch wesentlich erfolgreicher. Toyota dürfte von den verschiedenen Land Cruiser-Baureihen mindestens das Fünffache produzieren, Jeep hat allein vom JK-Wrangler im Schnitt 175.000 Stück jährlich produziert. Natürlich sind die Märkte und Zielgruppen weltweit unterschiedlich, wobei Jeep mehr die »Lifestyle«-Kunden und Toyota mit der Land Cruiser-Serie J7 die »Hardcore«-Anwender anspricht.

Jeder Kunde, jedes Land – und der Grenadier wird inzwischen in

Mit dem Marken-Lineup Grenadier und Quartermaster will Ineos Automotive die Welt der 4x4-Fahrzeuge erobern. Ein ambitionierter Plan, vor allem für einen komplett neuen Akteur auf dem Automarkt.

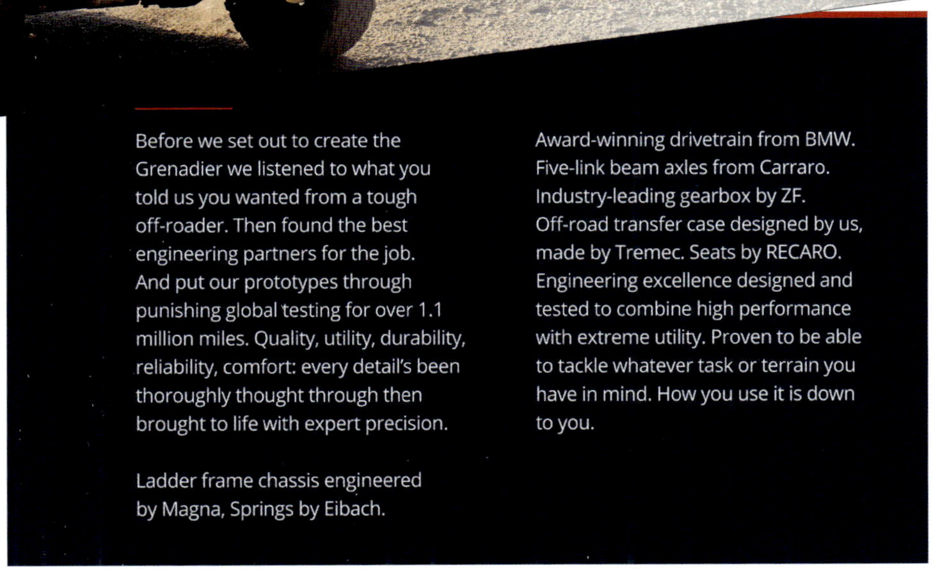

Die Ineos-Marketingkampagne setzte von Anfang an auf den Slogan »Getting the job done«, um den Grenadier als das ultimative Arbeitstier unter den Geländewagen zu positionieren.

über 45 Ländern verkauft – hat individuelle Anforderungen an ein Fahrzeug. Das musste bei der Marktpositionierung beachtet werden. Angesichts des stetig wachsenden Vertriebsnetzes lässt sich feststellen: Das ist gelungen, in der Summe passt der Grenadier ins Feld seiner Mitbewerber. Doch auch wenn er den Platz des originalen Land Rover Defender für sich beansprucht und als dessen legitimer Nachfolger akzeptiert wird, muss er sich in Kundenhand nun bewähren und eine Markenbindung aufbauen. Und das ist nicht einfach, zumal der Ineos sich zwischen den Ikonen der Szene mit jahrzehntelanger Tradition seinen Rang erkämpfen musste: Der Defender brachte es auf eine Laufzeit von 68 Jahre, der Jeep Wrangler ist sogar noch länger am Start. Toyota ist auch schon seit den Fünfzigern mit Allrad unterwegs und hat sich einen festen Platz in der Reiseszene und in allen Bereichen mit widrigen Bedingungen einen hervorragenden Ruf erarbeitet. Der Mercedes G, seit 1979 im Einsatz, bedient das Militär, während die zivilen Varianten das obere Viertel des Preissegments besetzen.

Der Grenadier als Statement

Als schicker, multifunktionaler Familien- und Alltagswagen ist der Grenadier in jedem Fall geeignet. Eingekleidet im klassischen »Brit-style«, ist er nicht nur schick und vielseitig, sondern – das verdankt er seiner hervorragenden Motorisierung – auch ein sehr angenehm zu fahrender Wagen. Ordentlich Ladekapazität selbst für große und schmutzige Hunde bietet er allemal. Wesentlich besser und bequemer als im Defender ist dank der sehr guten Recaro-Sitze die Sitzposition, es gibt genug Platz im Passagierraum, eine ordentliche Übersicht und sehr gute Fahrleistungen, zumindest wenn man sich mit Leiterrahmen und Starrachsen angefreundet hat. Seine Achsaufhängung ist mit Vierlenker-Vorderachse, Stabilisator und Kugelumlauflenkung für den harten Geländeeinsatz ausgelegt. Die hohe

Letztendlich wird auch und vor allem der gut betuchte und komfortorientierte Kunde beworben. Mit schicken, gut ausgestatten Fahrzeugen, weniger mit im harten Gewerbealltag verschlissenene Arbeitsgeräten.

Ein Grenadier in Miami, aufgenommen am 28. Dezember 2024. Die ersten Fahrzeuge für den wichtigsten Absatzmarkt liefen am 22. November 2023 vom Band in Hambach. (Foto: OWS Photography, CC-BY-SA 4.0)

»Us vs. Them«: Im April 2025 hat Ineos eine Werbeoffensive gestartet, um den Grenadier-Geländewagen von den normalen SUVs, mit denen die Kinder zur Schule gebracht werden, und von nur bedingt geländetauglichen Crossover-Fahrzeugen deutlich zu unterscheiden. Natürlich darf dabei auch ein Abstecher nach Solihull, der Geburtsstätte des Defender, nicht fehlen.
Die Kampagne ist die Antwort auf eine Reihe erfolgloser Rechtsstreitigkeiten in der ganzen Welt, mit denen der Grenadier überzogen wurde. »Wir haben geschwiegen, während wir ein Gerichtsverfahren nach dem anderen gewonnen haben. Nach unserer Überzeugung ist es jetzt an der Zeit, die Dinge klarzustellen: Wir sind nicht wie sie und wollen das auch gar nicht sein«, so Lynn Calder.

Unterfordert: Der Grenadier (Rechtslenker) in Trialmaster-Ausstattung mit Stahlfelgen in der britischen Vorstadt. Natürlich wird die Allrad-Kompetenz im Stadtverkehr nicht benötigt, doch der Ineos taugt definitiv auch als SUV-Ersatz. (Foto: Carlreyn88, CC-BY-SA 4.0)

Offroad-Parcours werden von Eventagenturen bei Fahrpromotionen aufgebaut Sie haben nur wenig mit der Offroad-Realität (Wetter und Bodenverhältnisse) zu tun, vermitteln aber Neulingen einen Eindruck davon, wie es sich anfühlen könnte, im Gelände zu fahren. (Foto: Alexander-93, CC-BY-SA 4.0)

Geländegängigkeit ist in Westeuropa allerdings kein Kriterium für den breiten Massenmarkt, auch auf südeuropäischen Pisten nicht, denn die schaffen auch die meisten SUVs problemlos: Sich über unendliche Kilometer hinziehende Schlaglochpisten, Uferböschungen und reißende Furten, die es mit dem Auto zu queren gilt und ein konventionelles SUV überfordern, findet man in unseren Breitengraden nicht. Wer die relativ große Zahl der im Straßenverkehr zu sehenden Land Cruiser, G-Klassen und Jeeps bemerkt muss zu dem Schluss kommen: Das Fahren eines Geländewagens ist auch ein modisches Statement.

Praktisch, dass Ratcliffe neben vielen anderen Firmen abseits seines Chemie-Imperiums auch das Kult-Modelabel »Belstaff« gehört, das mit seinem Namen nun eine Ausstattungs-Edition des Offroaders schmückt. Und mit der jedem ausgelieferten Grenadier beiliegenden Belstaff-Jacke passt man auch prima in den Golfclub, so wie sich auch der Grenadier als Alltags-Allrounder für die ganze Familie auf dem Parkplatz vor dem Clubgebäude mit dem Hauch eines Expeditionsfahrzeugs umgibt. Fast alle seine Komfort-Ausstattungsmerkmale finden sich aber auch in den daneben parkenden Mittelklasse-SUVs.

Doch die haben weder eine serienmäßige Zusatzbatterie – unverzichtbar für einen richtigen Geländewagen – noch die Kugelumlauflenkung, die anno 2025 zumeist nur noch in Nutzfahrzeugen zu finden ist und die immer ein kleines Spiel aufweist. Denn im Geländebetrieb ist eine Kugelumlauflenkung den normalen Zahnstangenlenkungen weit überlegen.

Preislich befindet er sich auf dem Niveau der Mitbewerber, orientiert sich aber eher am oberen Rand, sprich G-Klasse, wiewohl er

Im Juli 2024 gab Ineos bekannt, dass es für die nächsten Jahre die gemeinnützigen britischen Seenotretter, die Royal National Lifeboat Institution (RNLI) mit dem Grenadier unterstützen wird. An den jeweiligen Stationen können die freiwilligen Lebensretter nun mit Grenadier ausrücken. Hier im Schlepp des Grenadier mit Londoner Nummer: Ein Schlauchboot Class D, wie es an 110 Stationen zum Einsatz kommt.

von diesem noch ein gutes Stück entfernt ist. Doch so konsequent hin in Richtung Expedition, Arbeit und Abenteuer entwickelt wurden seine Mitbewerber nicht. Kein Wunder also, dass eine Lifestyle-affine Zielgruppe bei einer Neuanschaffung auch einen Grenadier in ihre Überlegungen mit einbeziehen dürfte, was nicht zuletzt auch am Exotenstatus liegt.

Der Grenadier als Arbeitstier

Gewerbliche Nutzer echter Geländewagen schaffen sich, wie erwähnt, meist günstigere Offroader und Pickups an. Auch weil die Fahrzeuge nach ihrem Einsatz z.B. bei Minenbetrieben nach vier Jahren in der Regel einfach entsorgt werden, denn die bei kommerziellen Anwendern sehr beliebten Pickups (Nissan, Toyota, Isuzu etc.) sind nach Ende der Abschreibungsfrist meist auch am Ende.
Der Quartermaster ist hier als Nutzfahrzeug noch ein Exot. Gerade da, wo hochgeländegängige Fahrzeuge primär zum Personentransport mit zusätzlicher Ladung benötigt werden – das gilt auch für den gesamten Blaulicht-Bereich – und auch Reichweite ein Thema ist oder sein kann, werden sich die Anwender über die Vorzüge von Pickup und Station Wagon sicher sehr genau informieren. Natürlich, wo weniger geländegängige Fahrzeuge mit vergleichbar hohem Nutzwert eingesetzt werden können, wird Ineos keine Ausschreibung gewinnen können, dazu sind die Fahrzeuge zu aufwendig und zu teuer. Wenn aber echte Offroad-Qualitäten gefordert sind, sind Grenadier und Quartermaster sicher eine Alternative.
Vor allem die Rettungsdienste setzen aktuell sehr stark auf den Grenadier. Denn er ermöglicht in Verbindung mit Portalachsen auch den Einsatz in Hochwassergebieten. Feuerwehren, das Technische Hilfswerk und die Wasserwacht interessieren sich verstärkt für den Grenadier: »Schon im ersten Jahr nach seiner Markteinführung wurde der Grenadier vielfach umgerüstet, insbesondere für Rettungsdienste wie Feuerwehr, Polizei und Küstenwache«, erklärte George Ratcliffe, kaufmännischer Leiter von Ineos Automotive, bei der Einführung des Quartermaster Chas-

Auch die Nith Inshore Rescue, die südschottischen Seenot-Retter mit Sitz in Glencaple, acht Kilometer südlich von Dumfries im Südwesten Schottlands gelegen, ist auf Spenden angewiesen. Stationiert an der Mündung des Flusses Nith nahe der Einmündung in den Solway Firth, rücken die Ehrenamtlichen seit 2023 mit einem Grenadier Utility aus.

Ineos Grenadier für die Südtiroler Berg- und Höhlenrettung, umgebaut und im Juni 2024 übergeben vom Spezialfahrzeugbauer Kofler in Lana (BZ). (Foto: Kofler Fahrzeugbau)

Der Grenadier Trialmaster als Basis für einen hochgeländegängigen Kommandowagen. Angeboten von der Wietmarscher Ambulanz- und Sonderfahrzeug GmbH verfügt der WAS 900-Grenadier über folgende feuerwehrspezifische Ausstattung: DBS850 Warnbalken mit Powerblitz und Arbeitsscheinwerfer; LED Kreuzungsblitz und Frontblitz, Heckwarnsystem; Signalsystem HNS Typ 724 im Stoßfänger, Martin Druckluft Signalsystem. Die Beladung besteht u.a. aus einem Heckschrank verschiedener Gerätschaften, Schwerlastauszug als Ablage. Die Bedienung der Warn- und Signalanlage erfolgt über die Dachkonsole. (Foto: WAS)

sis Cab – »ein logischer nächster Schritt«, um auch in kommerziellen Bereichen einen echten Offroader anbieten zu können.
Über kurz oder lang wird er, mangels europäischer Mitbewerber, sicher auch als Polizei- und Grenzschutzfahrzeug seine Anwendung finden. Nur beim Militär sieht er sich mit starker Konkurrenz konfrontiert, bei den Soldaten ist der Mercedes G der Platzhirsch.

Mit der richtigen Ausrüstung – hier der QuQuQ-Campingbox – wird ein Grenadier auch zum Schlafwagen. (Foto: Matzker / Oliver Gueth)

Der Grenadier als Fernreisefahrzeug

Ein weiterer potenzieller Kundenkreis ist jener der motorisierten Globetrotter. Geländewagen wie der Grenadier sind geradezu prädestiniert für Expeditionen und Fernreisen. Hier spielt die Zuverlässigkeit des Fahrzeugs eine zentrale Rolle, denn niemand hat Lust darauf, auf irgendeiner Piste im Nirgendwo im Dreck unter das Auto zu kriechen. Hier kann der Grenadier mit seiner Technik glänzen. Doch trotz seines Kaufpreises ist der Grenadier Station Wagon für gut betuchte Fernreisende nicht mehr als eine gute, solide Ausgangsbasis mit allen zulassungsnotwendigen modernen Systemen. Die Hoffnung vieler Fernreisefans in der 4x4-Szene, dass Ineos ihnen ein »expeditionsfähiges« Lowtech-Nutzfahrzeug ab Werk liefern würde, blieb ein Traum. Aber der war von Anfang an auch unrealistisch gewesen, denn diese Szene ist, erstens, so verschwindend klein, dass man dafür kein eigenes Fahrzeug bauen kann, zumindest nicht, wenn das Fahrzeug ein wirtschaftlicher Erfolg werden soll. Außerdem ist in dieser Szene ein Trend hin zum aus- und umgebauten Allrad-Van zu beobachten. Die Gefahr, dass potenzielle Kunden vom klassischen 4×4-Geländewagen in einen solchen fernreisefähigen Kastenwagen umsteigen, ist auf jeden Fall vorhanden. Auch das vermag die Attraktivität eines Grenadier in dem Bereich zu schmälern.

Das Unternehmen K+S setzte 2024 zunächst versuchsweise einen Ineos unter Tage im Kaliwerk Zielitz ein. Inzwischen ist die Testphase abgeschlossen, bei Taubenreuther werden nun weitere Grenadier für den Einsatz vorbereitet.

Der Grenadier in seiner bevorzugten Umgebung. Weite und unerschlossene Landschaften sind in unseren Breitengraden allerdings selten geworden.

Der Grenadier als Spaßmobil

Gibt es denn Menschen, die mit ihren Offroadern einfach so zum Spaß durch das Gelände pflügen, die Spaß daran haben, durch Wasserlöcher zu brettern und sich durch den Matsch zu wühlen, so wie andere mit ihrem Sportwagen am Wochenende über die Nordschleife heizen? Ganz eindeutig: Ja. Auch wenn es in Deutschland kaum die Möglichkeit dazu gibt. Autos von der Stange werden sich bei solchen von Offroad-Clubs organisierten Wochenend-Geländetouren aber kaum finden lassen. Diese Autos müssen entsprechend präpariert werden. Große MT-Reifen und stabile Unterfahrschutze sind da zwingend notwendig.

Von den Geländewerten und von seiner potenten Motorisierung her befindet sich der Grenadier in der Spitzengruppe solcher Offroad-Spaßmobile, trotz seiner Länge. Doch es braucht Ideen, wie das Fahrzeuggewicht verringert und die exponierten Teile, die beim harten Geländeeinsatz Schaden nehmen können, geschützt werden können. Um in der Kategorie wirklich Fuß zu fassen, muss sich ein spezieller Zubehörmarkt für den Grenadier entwickeln. Dieser wird vor allem in den USA und Australien, wo es viel mehr Fahrmöglichkeiten und die entsprechend zahlungsfähige Kundschaft gibt, wichtig werden. Ein serienmäßiger Grenadier wird sich bei den dort so populären Geländewettbewerben kaum durchsetzen kann. Doch ein entsprechend vorbereiteter Grenadier in Moab auf dem Rubicon Trial oder der Baja 1000 Mexico? Wir sind gespannt.

Offroadtauglichkeit, Haltbarkeit, Design – das Ineos-Team hat eindeutig geliefert, was Ratcliffe einst im Londoner Pub auf seinen Bierdeckel kritzelte und die Offroad-Enthusiasten wünschten. Der Grenadier ist ein rustikaler Charakterkopf, der kaum Kompromisse im Gelände, bei Robustheit und Qualität eingeht. Abseits des Asphalts gehört er wahrscheinlich zu den Besten unter den straßenzulassungsfähigen Fahrzeugen, und auf der Straße fühlt man sich mit ihm nicht fehl am Platz. Gründe, warum man einen Ineos Grenadier nicht kaufen sollte, gibt's also wenige.

Die Perspektive

Ineos Automotive hat mit den gleichen Umständen zu kämpfen wie auch alle anderen Hersteller von Geländewagen, denn man bietet ein Fahrzeug an, das vermeintlich wider den Zeitgeist einer laut-

Der Name »GRENADIER« hat sich bereits einen festen Platz in der Rangliste der Geländewagen gesichert.

starken Minderheit ist. Auch wenn diese dabei vergessen hat, dass die Welt außerhalb Westeuropas etwas anders aussieht und Fahrzeuge mit Verbrennungsmotor – gerade wenn sie über Allradantrieb verfügen – nach wie vor und auch in Zukunft unverzichtbar sind, um als zuverlässige Nutzfahrzeuge einen harten Job ordentlich zu erledigen.

Ineos aber sieht sich einer weiteren Schwierigkeit gegenüber: Fahrzeuge etablierter Hersteller, die lange am Markt sind, haben eine Reputation oder einen »Ruf«. Ist dieser gut, verkauft es sich auch ohne Werbung beinahe wie von selbst, Mund-zu-Mund-Propaganda genügt. Dieser gute Ruf ist in der 4x4-Fernreise-Szene, bei kommerziell-gewerblichen Nutzern, bei Hilfsorganisationen und bei behördlicher Verwendung in seiner Bedeutung nicht hoch genug einzuschätzen. Niemand will in schwierigen Situationen liegen bleiben. Denn das bedeutet auch im günstigsten Fall Zeitverlust, Ärger und Kosten. Deshalb greifen konservative Kunden gerne auf erwiesen zuverlässige Fahrzeuge bekannter Marken zurück. Grundsätzlich gilt: Jeder dieser Kunden sucht ein einfaches, unkompliziert aufgebautes Fahrzeug, bei dem alles für den Fahrbetrieb Notwendige durchhält. Hier spielt wohl auch die Psychologie, die Angst, unterwegs ein Problem nicht lösen zu können, eine große Rolle. Doch eine solche »Minimaltechnik« lässt sich mit den Sicherheits- und Umweltvorschriften in der EU nicht vereinbaren. Deswegen bietet Mercedes die G-Klasse für das Militär nur noch als Euro-3-Version an. Diese einfachere Technik ist leichter instand zu halten, und das Militär schätzt sie, weil sie auch mit Kerosin betankt werden können. Zulassungsfähig für Zivilisten sind Neufahrzeuge auf diesem technischen Stand aber nicht mehr.

Der Grenadier ist neu am Markt und muss sich seine Reputation erst erarbeiten. Das wird sicher ein langer Weg werden, und das ohne eigenes weltweites Servicenetz. Die Motorenwartung kann immerhin bei BMW-Werkstätten erfolgen. Dennoch bleibt abzuwarten, ob sich der Grenadier wird durchsetzen können. Das Zeug dazu hätte er jedenfalls.

Ineos Automotive bietet fünf Jahre Gewährleistung unabhängig von der Laufleistung an. Zumindest in Europa sollen Ersatzteile innerhalb von 24 Stunden verfügbar sein und der nächste Werkstattbetrieb maximal 50 Kilometer entfernt.

Kapitel 5: Mit dem Grenadier unterwegs

Fangen wir mit dem Einsteigen an. Mit einem dumpfen, satten Geräusch fällt die Fahrertür ins Schloss – wobei man die Türen mit ordentlich Kraft ziehen oder drücken muss, damit sie komplett schließen. Denn die Türdichtungen sind sehr dick. Die Außenspiegel haben einen recht kleinen Verstellbereich. Gestartet wird der Motor des Fahrzeugs per konventionellem Zündschlüssel. Wer den BMW-Benziner an Bord hat, freut sich über ein schönes, sonores, sportwagentypisches Aufheulen, den anschließend seidenweichen Lauf des gut geräuschentkoppelten Reihensechsers und eine gleichmäßige, unaufgeregte Kraftentfaltung. Der Diesel ist hingegen akustisch präsenter, speziell bei höheren Drehzahlen, neigt dann zur Dröhnigkeit, entfaltet sein hohes Drehmoment heftiger und passt damit besser zum Arbeitstier-Charakter. Der ebenfalls vertraute BMW-Joystick für das Getriebe wirkt im rustikalen Grenadier Innen-Ambiente vielleicht etwas fremd, denn er sieht vergleichsweise zerbrechlich aus. Der 2.669 kg schwere Brite (Diesel: 2.744 kg) hat im Kriechgang ein Kriechverhältnis und -Geschwindigkeit: 53,81 und 2,04 km/h (Benzin); 56,37 und 2,08 km/h (Diesel).

»Auf befestigter Straße fährt sich der Ineos Grenadier – von der schwammigen Lenkung abgesehen – überraschend gut. Das Fahrverhalten ist gutmütig, der Grenzbereich kündigt sich früh an, die Verarbeitungsqualität überzeugt auf Anhieb«, so Jens Meiners vom Auto-Medienportal.

Der Ineos ist überall dort zu finden, wo es hart zur Sache geht. Den Vertrieb und den Service in den Vereinigten Arabischen Emiraten und Bahrain hat die Adamas Motor Group übernommen, ein 2017 gegründetes Unternehmen, das exklusive Marken wie Aston Martin, Lotus, McLaren und Morgan führt. Ein echter Geländewagen hat im Angebot aber noch gefehlt.

Ineos und der Red-Bull-Ring im österreichischen Spielberg kooperieren seit März 2023: Die Briten haben eine Flotte von insgesamt acht Grenadier an den beiden Offroad-Strecken, die zur Rennstrecke gehören, für Fahrtrainings zur Verfügung gestellt. Die Schlechtwege- und Kletterfähigkeiten des Grenadier auf jeden Fall hervorragend.

Auf der Straße

Kurvige Landstraßen sind nicht das bevorzugte Element des Ineos Grenadier, der serienmäßig auf grobstolligen BF Goodrich All-Terrain T/A KO2-Geländegummis im Format 265/70 R 17 rollt, die auf mit sechs Radbolzen pro Achse festgeschraubten Stahl- oder Alurädern montiert sind, versehen mit Ventilen aus Stahl. Abrollkomfort und Geräuschdämmung sind für einen echten Geländewagen erstaunlich gut, sodass man sich auch bei Tempo 100 wie in einem Pkw entspannt unterhalten kann. Die Lenkung hat sehr große Lenkwinkel und einen großen Totpunkt um die Nulllage. Das geringe Rückstellmoment verlangt die Räder am Kurvenausgang aktiv in die Geradeausstellung zurückzuholen. Angenehmer ist die Lenkung mit optionaler 18-Zoll-Bereifung und straßentauglicheren Bridgestone All-Terrain-Reifen. Das Bremspedal muss zum Abbau der letzten vier, fünf km/h vor dem Haltepunkt noch einmal kräftiger getreten werden, damit der Grenadier nicht in den Kriechgang wechselt.

Im Gelände

Viel wohler als auf der Landstraße fühlt sich der Grenadier abseits asphaltversiegelter Flächen. Wenn die Löcher im Boden groß sind, der Schlamm hoch steht, das Wasser tief ist und Steigungen sowie Gefälle steil ausfallen, fühlt er sich wohl. Bevor man den gut 4,90 Meter langen Viertürer allerdings ins schwere Gelände wirft, sollte man kurz stoppen, den BMW-Getriebewählhebel in Neutral ziehen und den kleinen Zusatzknauf in Lock und Low ziehen – wofür es gleichermaßen Gefühl und Kraft im Unterarm braucht. Jetzt ist das Mittendifferenzial des Verteilergetriebes gesperrt und die Getriebeuntersetzung aktiv. So wühlen sich alle vier AT-Reifen traktionsstark über kleine und große Felsbrocken und durch tief ausgefahrene Matsch-Spuren. Nun macht auch die auf der Straße recht taube, indirekte Kugelumlauflenkung absolut Sinn, weil man den Grenadier über Stock und Stein exakt platzieren kann. Auch, wenn's mal flotter voran geht, überzeugt der Grenadier mit gutem Geradeauslauf, filtert das Fahrwerk Unebenheiten gekonnt und dringen höchstens beidseitige Anregungen wie Fugen oder Kanten stark in den Innenraum.

26,4 Zentimeter Bodenfreiheit, Böschungswinkel von 35,5 (vorn) und 36,1 Grad (hinten), ein maximaler Seitenwinkel von 45 Grad deuten bereits in der Theorie extreme Geländegängigkeit an, genauso wie mögliche Achsverschränkungen von 9 (vorn) und zwölf Grad (hinten). Hier zahlt sich die robuste Bauweise mit Leiterrahmen und Starrachsen aus, wobei es bei extremer Verschränkung von außen betrachtet aussieht, als würde es die Aufhängung gleich zerreißen. Doch genau das ist die Spezialität des Grenadier, der sich übrigens nicht nur dort wohl fühlt, wo man selbst zu Fuß kapitulieren würde – kein Wunder bei 80 Zentimeter Wattiefe und 58,5 Zentimetern Federweg. Allerdings gibt es einen kleinen Wermutstropfen: Der Rampenwinkel ist mit 28,2 Grad arg knapp bemessen.

Starke Steigungen werden offroad in der Untersetzung im kleinen Gang bezwungen, während die Bergabfahrhilfe die Bewältigung solcher »Klippen« erleichtert.

Matzker ist INEOS Automotive Vertrags- und Land Rover-Servicepartner. Die Kölner bieten ein umfangreiches Zubehörprogramm an. (Foto: Matzker)

Hat sich seinen Platz in der Offroad-Szene verdient: der Grenadier. (Foto: Christine Heidkamp)

Kapitel 6: Zubehör und Upgrades

(Foto: Matzker / Jan Werner)

Der Ineos, fast fünf Meter lang, ist außerordentlich geräumig, wie schon die Messwerte für das Kofferraumvolumen belegen: Es reicht, je nach Sitzkonfiguration, von 1.152 bis 2.035 Liter. Und weil auch die Dachlast mit 420 Kilogramm recht üppig ausfällt, bleibt jede Menge Gelegenheit zum An- und Aufbau von Zubehör.
Neben vielerlei nützlichen Features und Dingen, welche die Bequemlichkeit erhöhen und direkt beim Hersteller bestellt werden können wie Alufelgen, Ledersitze und Soundsystem, hat sich bereits ein großer Markt an Zubehör für Geländewagen etabliert. Doch bevor jemand sein Sparschwein plündert, sollte vor allem über Sinn und Zweck, sowie über Vor- und Nachteile des jeweiligen Zubehörs nachgedacht werden.
Ganz vorn bei diesen Betrachtungen stehen – die Nachteile des gewünschten Zurüstteils! Ein Fahrzeug ist von Herstellerseite grundsätzlich in allen Parametern optimal ausgelegt, denn er hat Interesse daran, dass das Fahrzeug hält und problemlos fährt, also eine geringe Reklamationsquote aufweist. Jedes Zubehör aber bedeutet zusätzliches Gewicht, und das wirkt sich immer auf alle relevanten Parameter beim Geländewagen aus. Man erkauft sich also die Vorteile des Zubehör oft mit Nachteilen durch zusätzliches Gewicht.
Es gibt selbstverständlich auch sehr viele irrationale Gründe für den Zubehörkauf. Einem »sieht aber schön aus...« kann man nicht widersprechen. Jeder muss schon selbst wissen, was er an seinem Auto haben möchte.

Fernreise-Anhänger

Die Übernachtung im Geländewagen, im Zelt oder auf dem Dach ist auf Dauer doch recht unbequem. Die notwendigen Mittel (Dachgepäckträger, -zelt oder Schlafvorrichtung im Innern) belasten das Fahrzeug zudem mit zusätzlichem Gewicht. Um auf Fernreisen höheren Komfortansprüchen gerecht zu werden, braucht man mehr Platz. In Regionen, wo es wirklich darum geht, Outdoor lange Strecken im Geländewagen zurückzulegen (Südafrika und Australien) gibt es zum Offroad-Anhänger keine Alternative. Eine zusätzliche Achse – in diesem Fall aufgehängt an Blatt-/Parabelfedern mit Gasdruck-Stoßdämpfern – entlastet das Fahrzeug von diesem Equipment. Outdoor-Experte und Offroad-Spezialist Volker Lapp hat sich des Themas angenommen und in Zusammenarbeit

Ein Offroad-Trailer hat viele Vorteile: Der Anhänger kann im Camp verbleiben, wenn man mit dem Fahrzeug die Wildnis erkundet. Und wenn das Fahrzeug einen Defekt hat, kann der Trailer an ein anderes Auto angekuppelt werden. (Foto: GAVON GTS GmbH)

Den Lapp-Trailer gibt es seit über 20 Jahren. Mittlerweile in drei Grundmodellen mit 3,0, 3,4 und 3,9 Meter langen Kabinen erhältlich, haben manche bereits über 300.000 km zurückgelegt – in Europa, Afrika, Russland, Australien und China, in der Mongolei oder Nord- und Südamerika, auf langen Wellblechpisten oder im harten Offroad-Einsatz: Stets erwies sich der Expeditionstrailer als treuer Begleiter. (Foto: GAVON GTS GmbH)

mit der GAVON GTS GmbH einen fernreisetauglichen Offroad-Wohnanhänger entwickelt. Produktion und Vertrieb des Trailers erfolgen in Kahl am Main, sind also »Made in Germany«. Lapp legt aus gutem Grund viel Wert darauf, dass seine Trailer möglichst leicht sind. Weniger Gewicht bedeutet geringerer Verschleiß und weniger Verbrauch, dafür mehr Leistung und Beweglichkeit bei geringerer Belastung für das Zugfahrzeug. Der Trailer soll nicht als Anker wirken. Wichtig war Lapp auch die optische und technische Harmonie zwischen Zugfahrzeug und Anhänger. Hier sorgen ähnliche Fahrzeughöhen und Spurbreiten für optimales Fahren. Die verbaute Technik ist überschaubar und einfach reparierbar, getreu dem Grundsatz: »So viel wie nötig und so wenig wie möglich, denn was nicht drin ist, kann auch nicht kaputtgehen.« Der Fokus beim Expeditionstrailer liegt eindeutig auf hoher Praxistauglichkeit und Solidität.

Ein weiterer Vorteil des Trailer-Konzeptes ist, dass man den Anhänger im Camp stehenlassen kann, um mit dem Fahrzeug die Wildnis zu erkunden. Oder bei einem gravierenden technischen Defekt oder gar einem Unfall das Zugfahrzeug gegen ein anderes ersetzen kann.

Das Rückgrat des geländegängigen Expeditions-Trailers bildet ein robuster, komplett feuerverzinkter Rahmen aus geschweißten Doppel-C-Profilen; die V-förmige Deichsel mit Kugelkopfkupplung (Deichselhöhe ca. 500 mm) ist verschraubt. Wahlweise gibt es auch eine extrem Offroad-taugliche militärische Nato-Kupplung. Die darauf gesetzte Wohnkabine besteht aus einem leichten, besonders belastbaren Composite-Sandwichaufbau, verschraubt und verklebt. Das Trailergewicht in der Basisausführung liegt durch die gewichtsoptimierte Bauweise bei lediglich 630 Kilogramm bei zulässigen Gesamtgewichten von 1400 bis 2000 Kilogramm. Die Bodenfreiheit beträgt mindestens 320 mm Achsmitte, je nach Reifengröße, die Wattiefe beginnt bei 700 mm. Der mit Rückfahrautomatik ausgestattete Trailer kann meist mit der gleichen Felgen-/ Reifenkombination des Zugfahrzeugs ausgestattet werden. Es besteht die Möglichkeit, ein Reserverad mitzuführen, zusammen mit dem des Zugfahrzeugs sind für das Gespann dann zwei Kompletträder verfügbar, hilfreich bei anspruchsvollen Touren. Der Trailer verfügt über eine zur Liegefläche umbaubare Sitzecke, eine Küchenzeile

Die Sitzfläche lässt sich zur Liegefläche umbauen. Maximal bietet der Trailer vier Schlafplätze, sofern das optionale Aufstelldach verbaut ist. Letzteres kann mit Thermoelementen ausgestattet werden. Das sorgt für eine hohe Wintertauglichkeit. (Foto: GAVON GTS GmbH)

mit Spüle, Gaskocher und Kühlschublade. Eine Einbauheizung mit Gas oder optional mit Diesel ist ebenfalls integriert. Dazu kommen Schränke mit allerlei Stauraum sowie ausstellbare Thermofenster mit Fliegen-, Sonnenschutz- und Verdunkelungsrollos. Wer keine Lust hat, jeden Abend die Sitzecke umzubauen, kann seinen Trailer mit einem leicht bedienbaren Aufstelldach samt Bett und Matratzensystem ordern. Damit bietet der Trailer bis zu vier Schlafplätze. Das Aufstelldach (das schon in geschlossenem Zustand mehr Kopffreiheit bietet) lässt sich, wiederum optional, auch mit Thermoelementen versehen, was dann auch längere Offroad-Touren im Winter gestattet. Aufgrund der Robustheit und Wendigkeit werden die Trailer auch professionell genutzt, von Tierfotografen, Ornithologen, Naturforschern, Jägern, Militärs, Vermessern und als Werkstattwagen. (*Text: Volker Lapp*)

Bereifung

Der wichtigste und auch der einfachste Punkt zur Optimierung liegt in der richtigen Wahl der Bereifung. Das betrifft vor allem die Wahl des Reifentyps, der Reifengröße und des Reifenherstellers. Bei den Reifen handelt es sich um ein sicherheitsrelevantes Teil, das die Fahreigenschaften des Fahrzeugs beeinflusst. Hier zu sparen ist also keine Option. Grundsätzlich hat der Hersteller eine für alle Fahrzustände und Gegebenheiten passende Bereifung für das Fahrzeug ausgewählt. Diese kann aber für die individuellen Ansprüche der Kunden manchmal nicht ganz passen. Sollte es in extrem anspruchsvolles Gelände gehen, können z.B. Räder mit höherem Durchmesser die bessere Wahl sein, weil sie mehr Bodenfreiheit verschaffen. Den absoluten »Allroundreifen« gibt es nicht! Da die Bereifung einen erheblichen Einfluss auf die Fahrdynamik und die Traktion des Fahrzeugs hat, ist eine genaue Analyse des eigenen Fahrprofils vor der Reifenwahl unerlässlich.

Wer mit dem Grenadier eigentlich nur auf der Straße unterwegs ist und nur selten einen Feldweg befährt, und das dann nur so zum Spaß und bei gutem Wetter oder gar für anspruchsvollere Touren einen zweiten Radsatz in der Garage liegen hat – für den sind die Straßenreifen am besten geeignet. Der Straßenreifen ist für den Verkehrsalltag die sicherste und beste Lösung, er bremst am besten und hält das Fahrzeug am sichersten in der Spur. Dazu verbraucht das Fahrzeug mit ihm am wenigsten Sprit.

Die Seriengrößen 265/70 R17 und 255/70 R18 wurden beim Grenadier schon sehr geländeorientiert ausgewählt. Etwas »sportlicher« ist die Alternativgröße 265/65 R18. Für härteren Geländeeinsatz besteht die Möglichkeit, auf 275/70 R18 umzurüsten.

AT-Reifen (All Terrain), wie sie der Gernadier mitbringt, gelten als

Das Fahrwerk ist entscheidend für das Fahrverhalten, auch bei Geländewagen. Die richtige Bereifung ist der einfachste Weg zur Fahrwerksoptimierung.

der beste Kompromiss für kompetente Geländewagen. Mit ordentlichen Eigenschaften auf der Straße und guten Geländeeigenschaften sind sie die »eierlegende Wollmilchsau« unter den Reifen. Damit kann man sich auch getrost in die Wüste trauen.

Moderne AT-Reifen weisen inzwischen alle Winterkennung auf, daher muss nicht unbedingt auf Winterreifen umgerüstet werden. MT-Reifen (Mud Terrain) eigenen sich bei häufigen Einsätzen im schweren, nassen und matschigen Gelände. Aber bei Nässe auf der Straße, geschweige denn auf festgefahrenem Schnee, haben MT-Reifen praktisch keinen Grip. Auch wenn es für den Grenadier MT-Reifen in der Seriengröße 265/70 R 17 gibt: Außerhalb des oben genannten Einsatzprofils sind die serienmäßigen AT-Reifen die um Längen bessere Wahl. Das gilt in noch viel stärkerem Maße für reinrassige Sand-Reifen, die wirklich nur für das Herumtollen in den Dünen geeignet sind. Auf jedem anderen Untergrund sind sie geradezu lebensgefährlich.

Wichtig ist in jedem Fall, vor einer Umbereifung sich darüber zu informieren, welche Reifengröße auf dem Fahrzeug gefahren werden darf und ob man diese eventuell beim TÜV eintragen lassen muss – wobei die Reifenhersteller natürlich alle entsprechenden Informationen bereit halten, auch zu eventuell notwendigen weiteren Maßnahmen. Denn bei deutlich größeren Reifen können auch eine Anpassung des Tachos und / oder bauliche Veränderungen an der Karosserie notwendig werden. Grundsätzlich gilt: Je näher an der Serie desto besser für das Fahrzeug. Die Übersetzung des Fahrzeugs ist auf die Seriengröße der Reifen ausgelegt. Mit ihr fährt das Fahrzeug in den optimalen Parametern. Wer optimale Reifen an seinem Auto hat, verbessert durch eine Umrüstung die Fahreigenschaften seines Wagens deutlich, ohne dafür Nachteile in Kauf zu nehmen. Und das ist mehr, als man von so manch anderem Zubehör behaupten kann. Dies gilt natürlich nur, wenn man sich für ordentliche Reifen von hoher Qualität, nicht für Billigangebote entschieden hat.

Das Fahrwerk beeinflusst maßgeblich die Fahrdynamik. Eibach bietet für den Ineos Grenadier ein wirkungsvolles Upgrade an. Neben der klassischen Höherlegung durch andere Federn gibt es, wenn auch nicht auf jedem Markt, Reservoir-Stoßdämpfer. (Foto: Eibach Inc.)

Kunststoff-Sandblech an entsprechenden M.O.L.L.E.-Halterungen werden zum Beispiel von Black Sheep angeboten. (Foto: Black Sheep Innovations GmbH)

Bergezubehör

Auf Bergezubehör kann man nicht verzichten, zumindest wenn man sich ernsthaft im Gelände tummeln möchte. Ein ordentlicher Bergegurt gehört in jeden Geländewagen. Es gibt aber auch die Möglichkeit, das originale Windenseil zu tauschen. Passend für die ab Werk verbaute Seilwinde für den Grenadier haben zum Beispiel Firmen wie Abenteuer 4x4 und Seilflechter ein Zweikomponenten-Windenseil zum Austausch gegen das Originalseil entwickelt, tatsächlich bieten sich Kunststoffseile als leichtere Alternativen zu den traditionellen Stahlseilen an. Für extreme Wüstenfahrten sind Sandbleche (die auch durchaus aus Kunststoff bestehen können) und Schaufeln Pflicht.

Dachzelt

Ein Dachzelt ist einfach in der Handhabung und bequem. Es gibt sie als Klappdach- oder Hartschalenzelte mit Platz für bis zu vier Personen. Ein Dachzelt ist aber streng genommen eine Übernachtungsmöglichkeit für eher die warme Jahreszeit oder Wüstentouren, keine Möglichkeit zum Wintercamping. Natürlich gibt es auch Dachzelt-Heizungen, die aber erhöhen wieder das Gewicht, was die Geländefähigkeit einschränken kann. Doch ohne eine solche dürfte es schwer werden, das Zelt warm und die Dachhaut wieder trocken zu bekommen. Also besser auf die warme Jahreszeit beschränken und ansonsten dicke Schlafsäcke mitführen.

Fahrwerksfedern

Das Fahrwerk ist ab Werk optimal ausgelegt. Es gibt eigentlich nur zwei Gründe, die Federn am Fahrzeug zu ändern:

Der Grenadier verlässt in der Basisausstattung das Werk in Hambach auf Sechsloch-Stahlfelgen. Alufelgen (Bild) können Gewicht sparen.

17-Zoll-Räder sind Serie beim Grenadier, oft werden andere Räder aus optischen Gründen gekauft.

1. Man möchte so große Reifen fahren, das diese ohne eine Höherlegung nicht unter das Fahrzeug passen. Dabei sollte man allerdings bedenken, dass sich durch die Höherlegung nur die Geländegängigkeit auf einigen Passagen wie etwa bei Wasserdurchfahrten verbessert, sich das Fahrverhalten aber in so gut wie allen anderen Situationen verschlechtert. Der Treibstoffverbrauch dürfte außerdem in Verbindung mit der Umbereifung steigen, und die größeren Knickwinkel an den Kardanwellen könnten höheren Verschleiß verursachen, kurzum: Die Alltagstauglichkeit leidet.
2. Das Gewicht des Fahrzeugs ändert sich, etwa durch Einbau einer elektrischen Seilwinde: Schwere Ein- und Anbauten erfordern eine Anpassung des Fahrwerks, und dann sind stärke Federn und Stoßdämpfer Pflicht. Doch das zusätzliche Gewicht wird sich immer auf die Fahrdynamik und die Geländegängigkeit auswirken.

Felgen

Felgen werden meistens aus optischen Gründen gekauft, können aber tatsächlich in zweierlei Hinsicht von Vorteil sein:

1. Sie können leichter sein als die serienmäßig verbauten Räder und damit die ungefederten Massen verringern.
2. Sie können als mehrteilige Beadlock-Räder (bei denen die Reifen mechanisch am Felgenbett fixiert werden) die Widerstandsfähigkeit erhöhen und bei Fahrten mit geringem Luftdruck das Abrutschen des Reifens verhindern.

Und wer Reifen fahren möchte, die größer sind als die Serie, muss ebenfalls auf neue Felgen umsteigen. Der Zubehörmarkt hält für den Grenadier entsprechende Nachrüst-Felgen bereit.

Gepäckträger

Um mehr Ausrüstung mitnehmen zu können oder als Basis für ein Dachzelt ist je nach Fahrzeug ein Gepäckträger unverzichtbar. Firmen wie Taubenreuther bieten maßgeschneiderte Lösungen für den Grenadier an.

Doch bei der Beladung bitte daran denken: Eine schwere Dachbeladung verschlechtert das Fahrverhalten und erhöht die Wankneigung in Kurven und schwierigem Gelände. Es gibt durch den nach oben verschobenen Schwerpunkt keinen schlechteren Platz für schweres Zusatzgewicht als auf dem Dach. Auf ein Dach gehören leichte Gegenstände, und von denen nimmt man nur das mit, was man unbedingt braucht.

Oben: Investition in Licht ist eine Investition in Sicherheit, sie ist also absolut vernünftig. (Foto: Taubenreuther)

Innenausstattung

Auch hier ist die Auswahl von nützlichem Zubehör vielfältig. Gummimatten gehören in jeden Geländewagen. Je nach Einsatz können auch Schonbezüge für die Sitze vernünftig sein. Für die Ordnung im Kofferraum gibt es robuste Schubladensysteme von u.A. Rockfoxx oder Taubenreuther. Darüber hinaus gibt es oft maßgeschneiderte Küchenblöcke und Stauraumlösungen für den Grenadier-Innenraum wie etwa die QuQuQ-Box.

Kompressor

Wer oft in schwerem Gelände fährt, für den ist ein Absenken des Reifendrucks – um die Reifenaufstandsfläche zu erhöhen – Routine. Und ebenso zügig wird er diesen wieder erhöhen, denn er führt einen Luftdruckkompressor mit.

Dachgepäckträger sind nützlich, erfordern aber Sorgfalt bei der Beladung. Die dynamische Dachlast beim Grenadier liegt mit Dachgepäckträger bei 150 Kilogramm, im Stand bei 420 Kilo. (Foto: Taubenreuther)

Mit entsprechenden Schubladenelementen und Boxen lässt sich der Grenadier-Innenraum perfekt organisieren und auch mit einer Schlafauflage versehen. Alle großen Zubehöranbieter – hier Matzker – haben solche Lösungen im Angebot. (Foto: Matzker / Oliver Gueth)

Korrosionsschutz

Geländewagen sind anscheinend für die Ewigkeit gebaut, aber korrosionsanfällig sind sie dennoch. Ein nachträglicher Korrosionsschutz ist also eine gute Investition in ein langes Autoleben. Der Grenadier bringt aber von Haus einen guten Basisschutz mit.

Leichtbauteile

Grundsätzlich sollte jedes Zubehörteil ein Leichtbauteil sein. Doch auch serienmäßige Teile kann man eventuell gegen leichtere Teile austauschen, denn im Gelände ist die oberste Maxime, Gewicht einzusparen. Solche Teile hielten zuerst im Motorsport Einzug. Gängige Praxis heute ist der Austausch von Motorhaube und Kotflügeln durch leichtere GFK- oder CFK-Teile. Für den Grenadier gibt es bereits Carbonteile für die Frontscheinwerferabdeckungen und den Kühlergrill z.B. von Matzker und Rockfoxx.

Portalachsen

Für ultraschwere Geländeeinsätze sind Portalachsen geeignet. Das Prinzip der Portalachse stammt vom Unimog. Dabei ist die Achse nicht im Radzentrum, sondern im oberen Viertel verschraubt. Die Übersetzung zur Radmitte erfolgt über ein zusätzliches Radgetriebe. Mit solchen Portalachsen ist der in dieser Beziehung ohnehin schon kompetente Grenadier zu noch erstaunlicheren Klettertouren fähig. Auch das Fahrverhalten im Gelände ändert sich kaum, da der Ineos im gleichen Maße an Breite wie an Höhe gewonnen hat. Der Verbrauch aber bewegt sich ebenfalls in anderen Größenordnungen. Müßig zu sagen, dass ein Portalachsumbau das Fahrzeuggewicht in die Höhe treibt und den Fahrkomfort auf der Straße verschlechtert. Andererseits kann man 37 Zoll große Räder fahren, ohne dass sich die Gesamtübersetzung des Fahrzeugs ändert. Somit bleiben alle wichtigen Parameter für ABS, ESP, etc. unverändert, was einen erheblichen Vorteil darstellt. Ineos-Entwicklungspartner Le Tech verfügt über hervorragende Expertise in diesem Bereich,

Der Grenadier ist von Haus aus etwas schwer geraten, daher ist die Überlegung, durch den Teiletausch einige Pfunde einzusparen, nachvollziehbar. Diesen Carbongrill liefert Rockfoxx. (Foto: Rockfoxx)

Feiner Ineos Quartermaster mit fast allem, was der Zubehörkatalog von Matzker in Köln hergibt. Besonders spektakulär: Der Umbau auf LeTech-Portalachsen für eine größtmögliche Gelände- und Watfähigkeit. Auch die Kotflügelverbreiterungen sind eine LeTech-Entwicklung. (Foto: Matzker)

der Betrieb aus Welzheim hat Portalachsen für tausende von Mercedes G-Klassen geliefert. Seit Ende 2024 bietet Ineos seine Fahrzeuge bereits ab Werk mit Le Tech-Achsen als Option an; die Bodenfreiheit steigt dann um 25 auf 51,4 Zentimeter und die Wattiefe von 80 Zentimetern auf 1,05 Meter. Solche Umbauten rollen mit BF Goodrich MT-Geländereifen vor.

Seilwinde

Wer seinen Geländewagen häufig auf schwierigem Terrain im Wald einsetzt, freut sich über eine Seilwinde. Vor allem wenn man alleine unterwegs ist, kann sie zur Selbstbergung – oder zur Bergung von anderen festgefahrenen Fahrzeugen – sehr hilfreich sein. Einziger Nachteil: Seilwinden sind schwer, doch im Grunde bei anspruchsvolleren Touren unverzichtbar.
Neben der ab Werk erhältlichen Seilwinde für den Frontanbau von Red Winches bekommt man auch im Zubehör sehr gute Seilwinden mit längerem Kabel wie etwa von Warn. Diese können per Kabel oder auch Funk bedient werden. Beim Windeneinsatz ist auf jeden Fall auf Sicherheit zu achten!

Standheizung

Wer mit seinem Fahrzeug oft im Winter in kalten Gefilden unterwegs ist, wird nicht auf sie verzichten wollen. Vor allem dann nicht, wenn man plant, schon mal im Auto zu übernachten. Neben der klassischen Lösung, wie sie etwa Webasto für nahezu jedes Fahrzeug anbietet, gibt es auch Grenadier-spezifische Lösungen, die maßgeschneidert in einer Nische des Kofferraums ihren Platz finden. Ansonsten gilt für sie wie bei jedem anderen Extra: Sie erhöht das Gewicht. Eine Lösung für den Grenadier bietet Blacksheep an.

Stoßdämpfer

Die Stoßdämpfer sind ein weiterer wesentlicher Teil des Fahrzeugs, der sich ohne Nachteile verbessern lässt. Die serienmäßigen Stoß-

Das Angebot an Winden ist groß, außerdem kann man Winden auch am Heck anbringen. Je nach Ausführung und Seillänge kann der Anbau einer neuen Frontstoßstange samt Windenhalterung erforderlich werden; Winden mit Kunststoffseil erforden ein anderes Windenmaul. (Foto: Taubenreuther)

Ineos Quartermaster mit Achsportalen der Firma Le Tech. Das Fahrzeug wurde beim Goodwood Festival of Speed 2024 vorgestellt. Seit 2025 bietet Ineos solche Umbauten bereits ab Werk an.

Hinter dieser Abdeckung verbirgt sich die Autoterm-Standheizung, wie sie Blacksheep anbietet. Normalerweise findet sich dort der Wagenheber. (Foto: Black Sheep Innovations)

dämpfer sind für den Alltagsbetrieb auf der Straße ausgelegt. Wer längere Strecken mit guter Reisegeschwindigkeit und / oder hoher Beladung auf schlechten Pisten zurücklegen möchte, braucht stärkere Stoßdämpfer.

Nachrüstbare Spezialstoßdämpfer können und sollten in mindestens zwei Dimensionen besser sein als die Seriendämpfer.

1. Sie sollten stärker gebaut sei, also dickere Kolbenstangen und hochwertigeres Material aufweisen.
2. Sie sollten über eine deutlich höhere Menge an Öl verfügen.
3. Wenn sie zusätzlich noch einstellbar sind – um so besser.
4. Optimalerweise verfügen sie über ein zusätzliches externes Ölreservoir.

Wer einmal ein Fahrzeug mit Highend-Stoßdämpfern gefahren ist, möchte nie wieder andere fahren. Auch hier gilt: Nicht sparen, gute Stoßdämpfer sind eine erhebliche Verbesserung des Fahrzeugs und bieten einen unglaublichen Mehrwert, auch wenn diese richtig teuer sind. Bilstein, Koni und Eibach bieten zum Beispiel solche Nachrüstdämpfer für den Grenadier an.

Unterfahrschutze

Unterfahrschutze für Aggregate, Tanks und Achsen sind im Geländebetrieb immer sinnvoll. Und es gibt tatsächlich beim Grenadier einige Stellen, die im Geländeeinsatz gefährdet sind, dazu zählt der

Koni Heavy Track Raid-Stoßdämpfer an der Grenadier-Hinterachse. Die Zweirohr-Dämpfer mit 70 mm Durchmesser sind für harte Einsätze gedacht und in der Zugstufe einstellbar. (Foto: Taubenreuther)

Ab Werk könnten die Aggregate am Unterboden besser geschützt sein. Der Zubehörmarkt kann Abhilfe schaffen (Foto: Matzker)

Einfache Lösung: Die Unterbringung eines zusätzlichen Reservekanisters im Reserverad. Der 8,5-Liter-Behälter ist für Treibstoff oder Wasser (was an der Aufschrift ersichtlich ist) nutzbar und vor Diebstahl geschützt. (Foto: Black Sheep Innovations)

Tank, der unten über den Rahmen hinausragt, ebenso der Kühler, der bis unter die Stoßstange reicht. Auch einige Leitungen unter dem Fahrzeug sind gefährdet. Unterfahrschutze bestehen meistens aus Aluminium oder manchmal auch aus ultraleichtem CFK. U.a. Taubenreuther und Matzker bieten hier geeignete Unterfahrschutzlösungen an.

Wassertank

Wer in Wüstengebiete fährt, muss ordentlich viel Wasser mitnehmen. Auch wenn es natürlich auf die Temperaturen und die individuellen Bedürfnisse ankommt, unter acht Liter pro Person und Tag wird man kaum auskommen. Ohne Zusatztank kommt man nicht weit; weitere Wasserkanister sind beim Grenadier auch außen an den Zurrschienen zu befestigen.

Zusatztanks

Unabhängigkeit und Sicherheit auf Reisen hängen stark von der Reichweite des Fahrzeugs ab. Mit einem fest installierten Zusatztank erkauft man sich also zusätzliche Freiheit, denn Treibstoffkanister haben im Fahrzeuginnenraum aber mal gar nichts zu suchen, und das Mitführen gefüllter Benzinkanister am Fahrzeugäußeren ist kritisch und ebenfalls nicht überall erlaubt. Für den Grenadier bietet die Firma Overland Outfitters einen Tank an, der hinter der Hinterachse sitzt und 90 Liter (Benziner) oder 68 Liter (Diesel) fasst.

Ein ganz besonderer Quartermaster: Der Sheepmaster

Basis des «Sheepmaster» ist im Prinzip ein Ineos Quartermaster ohne Pritsche, also ein Chassis Cab, versehen mit dem kompletten BlackSheep-Zubehörsortiment und einem Taubenreuther-Fahrwerk mit Höherlegung.
In der Fahrerkabine wurde die Rücksitzbank entfernt und ein Trenngitter aus der Ineos-Utility-Version verbaut. So wurde Platz für zwei Hunde geschaffen. Die hinteren Türen wurden zusätzlich mit den BlackSheep-Molle-Gittern versehen, damit die Hunde auch bei stehendem Fahrzeug jederzeit frische Luft haben.
Das Reserverad, beim normalen Quartermaster auf der Pritsche zu finden, wanderte auf die Dachplattform, was letztlich die Höhe des fertigen Umbaus definierte. Die originalen Rücklichter wurden um 20 cm nach hinten versetzt, um aus dem Aufbau das Maximum an zusätzlichem Volumen herauszuholen, ohne dabei den Böschungswinkel des Fahrzeuges negativ zu beeinflussen. Der komplette Aufbau besteht aus Aluminium und nimmt Designanleihen am Grenadier. Der Aufbau lässt sich per Fernbedienung über zwei elektrische Linearantriebe in der Breite um insgesamt 80 cm ausfahren; der Zutritt erfolgt vom Heck aus. Der Aufbau selbst bietet jede Menge Ausbaumöglichkeiten, und wer sich entscheidet, seinen Quartermaster im Alltag weiterhin als normales Nutzfahrzeug zu nutzen, freut sich über die großen Seitenklappen zum Be- und Entladen. Mit wenig Handgriffen lässt sich der Sheepmaster aber auch zu einem Reisefahrzeug umbauen und verfügt in der größten Ausbaustufe bei ausgefahrenem Aufbau über eine Liegefläche von 180 x 230 cm. Der Sheepmaster, ursprünglich als reines Showfahrzeug konzipiert, ist inzwischen viel mehr als das und kann als Inspiration für weitere Umbaumöglichkeiten dienen, genau wie Jim Radcliffe sich das vorgestellt hat: Ein Ineos ist eine weiße Wand, auf der die Nutzer ihre Vorstellungen verwirklichen können.

Fotos: Black Sheep Innovations GmbH.

OSRAM
SZ·134974

BLACK SHEEP
INNOVATIONS GMBH
Premium-Zubehör für den
Ineos Grenadier
Made in Switzerland
SZ·134974
Mehr Licht
Mehr Komfort
Mehr Schutz
Mehr Platz
WWW.BLACKSHEEP-INNOVATIONS.COM

GRENADIER
ROCKFOXX.COM
ROCKFOXX.COM
ROCKFOXX.COM
GRENADIER
GRENADIER
GRENADIER
GRENADIER
GRENNY
STYLE YOUR GRENADIER